Die

Arbeiterverhältnisse

in der

Forstwirthschaft des Staates.

ISBN-13: 978-3-642-94005-7   e-ISBN-13: 978-3-642-94405-5
DOI: 10.1007/978-3-642-94405-5

Softcover reprint of the hardcover 1st edition 1882

Die Arbeiterverhältnisse

in der

Forstwirthschaft des Staates.

Von

Dr. Fr. Jentsch,
Forstkandidat und Lieutenant im Reitenden Feldjäger-Corps.

Berlin.
Verlag von Julius Springer.
1882.

Die vorliegende Abhandlung, welche von mir der philo=
sophischen Fakultät der Universität zu Göttingen im Mai 1881
als Inaugural=Dissertation vorgelegt wurde, wage ich hiermit
als ein Erstlingswerk der Oeffentlichkeit zu übergeben in der
Hoffnung, es werde die Behandlung einer gegenwärtig so viel=
fach ventilirten Frage nach speciell forstlichen Gesichtspunkten
vielleicht den und jenen Leser finden und dadurch indirekt
helfen, der Forstwirthschaft irgendwie nutzbringend zu werden.

Allen, welche mich bei meiner Arbeit mit Rath und That
unterstützt haben, sei an dieser Stelle mein wärmster und
ehrerbietigster Dank ausgesprochen.

Dr. I.

Inhalts-Uebersicht.

	Seite
Einleitung	1
Allgemeine Grundlagen	5
Besonderer Theil: Das Verhältniß zwischen dem Staat als Arbeitgeber und den Arbeitern in seiner Forstwirthschaft	7
Begriff der Arbeit	7
Begriff des Lohnes	8
Bestimmungsfaktoren des Lohnes	9
A. der auf Seiten des Staates wirkende Faktor, Gebrauchswerth der Arbeit	9
α) Preis des Holzes	10
β) die volkswirthschaftlichen Produkte des forstlichen Arbeitsproduktes	12
B. der von Seiten der Forstarbeiter wirkende Faktor, Produktionskosten der Arbeit	14
α) Aufwand für den Unterhalt des Arbeiters selbst	15
Speise und Trank	16
Kleidung	25
Wohnung	25
Beleuchtung und Heizung	26
β) Aufwand für den Lebensunterhalt der Familie	28
γ) Fernerweite körperliche Bedürfnisse	31
δ) Aufwand zur Erlangung höherer technischer Fertigkeit und für größere Opfer an Bequemlichkeit und Lebenssicherheit	36
ε) Höhere Bedürfnisse	40
ζ) Sicherung für Zeiten mangelnden Verdienstes	42

		Seite
C. Vereinigung der beiderseitigen Faktoren		46
Eigenthümlichkeit der Waldarbeiterverhältnisse		51
Anpassung der erörterten Bedingungen an die Eigenthümlichkeiten der Waldarbeiterverhältnisse auf Grund:		
a) der bestehenden stabilen Arbeiterschaften		54
Arbeiterschaften im Salzkammergut		57
Arbeiterschaften in den Montanforsten von Jdria		63
Verein der Holzhauer-Hilfskasse zu Grillenburg i. S.		64
Wald- und Wegebauarbeiter-Unterstützungskasse zu Clausthal a. H.		66
Arbeiterschaften in den Gräflich Stollberg-Wernigerodeschen Forsten		70
b) auf Grund der Vorschläge forstlicher Autoritäten		71
Resumé:		
1. Allgemeine		74
2. Die Löhnung im Allgemeinen		77
3. Naturallöhnung		78
4. Nebenemolumente		81
5. Werkzeuge		81
6. Versicherung		82
7. Befriedigung höherer Bedürfnisse		87
Beilage A		91
Beilage B		94

Die sociale Bewegung, welche als die tiefgehendste und eingreifendste unsres Jahrhunderts angesehen werden muß, ist die Arbeiterfrage. Je mehr der moderne Staat des von A. Smith begründeten Industrie-Systems sich verbreitete und im Wesentlichen, wenngleich nirgends ganz rein, in allen Kulturstaaten zur Geltung gelangte, um so schärfer gestaltete sich als nothwendige Folge dieses Systems der Gegensatz zwischen Arbeit und Kapital, und um so schonungsloser wurde von beiden Theilen der Kampf geführt, in welchem die Kämpfer kein anderes Ziel als das Selbstinteresse verfolgend ohne Erbarmen den Schwächeren zu Boden warfen und vernichteten.

Das bisherige Resultat dieses Interessenkampfes des Kapitals und der Arbeit, „der Bourgeoisie und des vierten Standes" (Lassalle), war, wie es anders kaum möglich, ein Sieg des ersteren über den letzteren; denn die Waffen waren von vorn herein ungleich.

Nicht aber erst aus den Principien der gegenwärtigen Kultur-Epoche ist „die sociale Frage" entsprungen, wie Lassalle nachweisen wollte, sondern die Geschichte aller Zeiten lehrt, daß dieselbe so alt ist, als die Civilisation selbst. „Das eherne Lohngesetz" ist deshalb nicht ein erst durch die Manchester-Schule in's Leben getretenes Gesetz, sondern ein unabänderliches und unüberwindliches Naturgesetz, ein Gesetz, dem nicht nur die Menschheit in ihrer Entwicklung unterworfen ist, sondern alle Organismen auf der Erde: Es ist „die Ausbeutung" der Arbeit vieler durch wenige[1]), welche schon im Alterthum zu Konflikten führte, sobald die Lage der Ausgebeuteten ihre Existenz bedrohte. Es war im Alterthum

---

[1]) Vgl. Forstliche Berichte. Leipzig. XVI. Jahrgang. 2. Heft. 1868. Die Arbeiterbewegung und die Waldarbeiter.

und Mittelalter im Wesentlichen stets ein Recht, welches diese Ausbeutung bedingte (Sclaverei, Leibeigenschaft, Frohndienst, Hörigkeit), hervorgegangen aus der Entwicklung der Civilisation. Der Mächtige gewährte dem Schwachen Schutz gegen Feinde und Unterhalt und erhielt dafür das Verfügungsrecht über Arbeit und Person desselben. Nur wenn sich dieses Verhältniß durch Mißbrauch Seitens des Stärkeren verschob, kam es zu Konflicten, ähnlich wie auch heute. Es entstand die sociale Frage. Und ebenso wie heute wurde dann eine Lösung der Frage angestrebt und unter Umständen auch erzielt. Solche Lösungen sind zweifellos zu erblicken in dem Einflusse des Christenthums durch Auflösung der Sclaverei, sodann in den Errungenschaften der französischen Revolution des vorigen Jahrhunderts durch Beseitigung der Leibeigenschaft und in den Erfolgen der jüngeren Revolutionen durch Freiwerden der Arbeit.

Es ist danach die heutige sociale Frage nicht sowohl eine durch das moderne Staatsprincip geborene Erscheinung als vielmehr nur eine neue Erscheinungsform des alten, unabänderlichen Gesetzes, welches durch das moderne Staatsprincip zum Konflikte getrieben wird. Eine Lösung derselben kann deshalb nicht herbeigeführt werden durch Umsturz des jetzt herrschenden Systems, wie die Socialdemokratie es will, sondern durch das Korrektiv aller freien, durch das Selbstinteresse belebten Wirthschaft, durch den Gemeinsinn[1]).

Dieser Gemeinsinn wird erst das Selbstinteresse zu einem ganz berechtigten Faktor der Wirthschaft machen, indem er jede der Parteien lehrt, daß nicht durch einseitiges Verfolgen des eigenen Vortheils das Höchste erreicht wird, sondern dadurch, daß auch die andere Partei soweit lebensfähig und kräftig erhalten wird, daß ein gemeinsames Wirken mit höchstbefähigten Kräften möglich wird. Dies wird erreicht, dadurch daß der intelligentere und

---

[1]) Vgl. Roscher, Grundlagen der Nationalökonomie, 11. Auflage. Stuttgart 1874. § 11: Wie im Weltgebäude die scheinbar entgegengesetzten Bestrebungen der sog. Centrifugalkraft und Centripetalkraft die Harmonie der Sphären bewirken, so im gesellschaftlichen Leben des Menschen der Eigennutz und das Gewissen den Gemeinsinn.

mächtigere Theil dem anderen die Möglichkeit gewährt, selbständiger als bisher seine Kräfte zu benutzen und ihm unter Umständen durch Belehrung und Unterstützung dies erleichtert. Daß die Belehrung außerordentliches zu leisten im Stande ist, zeigen die Errungenschaften der letzten Zeit auf socialem Gebiete; wie einerseits die Verbreitung der socialistischen Lehren als falsche Belehrung unermeßlichen Schaden herbeigeführt hat, so ist anderseits die Anleitung zu gesunder Gestaltung der Arbeiterverhältnisse schon jetzt von großem Erfolge begleitet gewesen, wie besonders die nach englischem Vorgang in's Leben gerufenen Arbeitervereinigungen und Genossenschaften beweisen. Betreffen diese Vorgänge in erster Linie zwar die Industrie-Arbeiter, so sind sie doch auch für die ländlichen, mit ihnen die forstlichen, Arbeiter mehr und mehr von Bedeutung geworden.

Es liegt in der Entwicklung des socialen Lebens begründet, daß die ländlichen, noch mehr die forstlichen Arbeiterverhältnisse den Einflüssen des zur Herrschaft gelangten Wirthschaftsprincipes weit weniger ausgesetzt waren, als die in den Städten und Industrie-Centren auf relativ engem Raume zusammenlebenden Industrie-Arbeiter.

„Das konservative Element, welches die Natur der Forstwirthschaft in sich birgt, das Patriarchalische in dem Verhältnisse der Forstbeamten zu den Waldarbeitern, das sich von Alters her herausgebildet hat, und dessen Erhaltung die Abgeschiedenheit der Wälder begünstigt, endlich ein in Generationen von Waldarbeitern entwickelter und gepflegter Sinn für den Wald und für die von den Eltern überkommene und von Jugend auf gewohnte Beschäftigung haben die Waldarbeit bis auf unsere Tage meisthin ohne Störung in dem hergebrachten Geleise fortgehen lassen."

So schrieb der ungenannte Verfasser eines bemerkenswerthen Aufsatzes in den forstlichen Berichten (1868. Leipzig. Wiefferodt). Aber schon dieser erhob die warnende Stimme und wies auf die drohende Gefahr hin, welche trotz dieser palliativen Verhältnisse der Forstarbeiterschaften zweifellos durch die zersetzenden Einflüsse der wirthschaftlichen Zustände hereinbrechen würden.

In wie hohem Grade diese Warnung gerechtfertigt war, haben schon die nächsten Jahre bewiesen. Die „Gründer-Epoche" der siebenziger Jahre ergriff mit ihrem Taumel selbst die konservativsten aller Arbeiter, die Forstarbeiter, und die forstlichen Zeitschriften dieser Zeit bringen zahlreiche Klagen über Arbeitermangel, über schlechte Leistungen, unmäßige Forderungen, widersetzliches Benehmen der Forstarbeiter. Und wie mit einem Schlage befanden sich die Forstwirthe vor die brennende Frage gestellt, wie hier Abhilfe zu erzielen sei. Auf zahlreichen Forstversammlungen wurde nun die Arbeiterfrage diskutirt, und eine Reihe von Vorschlägen kam zur Abstimmung. (Vgl. S. 54 ff.)

Mit dem Zusammensinken jener aus Betrug und Leichtgläubigkeit erbauten Gebilde verlor allerdings auch die Forstarbeiterfrage an Bedeutung. Der Zug der Landarbeiter nach den Städten minderte sich bedeutend, damit der Mangel an Arbeitskräften im Forsthaushalte. Allein die ganze Bewegung hat evident gezeigt, daß trotz aller Besonderheiten der Forstwirthschaft, welche ihre Arbeitskräfte den nächsten Einflüssen wirthschaftlicher Schwankungen entziehen, gleichwohl die Gefahr nie ausgeschlossen erscheint, daß die möglichen socialen Umgestaltungen die forstliche Arbeiterfrage wieder zu einer brennenden machen können. Und aus diesem Grunde erschien es mir interessant, auf Grund der allgemeinen Wirthschaftslehre eine Darstellung der Bedingungen zu versuchen, nach welchen sich die Arbeiterverhältnisse im Forsthaushalte bilden. Ich beschränkte mich dabei auf das Gebiet des Staatsforsthaushaltes, keineswegs in der Meinung, damit das Thema in seinem Wesen zu erschöpfen, sondern geleitet von der Ueberzeugung, daß meine Kräfte mangels fast jeder praktischen Erfahrung bei Weitem nicht ausreichen würden, eine erschöpfende Darlegung der forstlichen Arbeiterfrage zu bewirken, daß deshalb die Specialisirung auf den Staatsforstbetrieb eine angemessene engere Begrenzung bilde, innerhalb der ich meine bescheidenen Leistungen zu entfalten wagen dürfte.

Um die Arbeiterverhältnisse in den Staatsforsten zu behandeln, sei mir gestattet, eingangs die allgemeinen Gesichtspunkte darzulegen, von denen ich glaubte ausgehen zu sollen.

Allgemein.

„Der Staat, d. i. eine in der sittlichen Tendenz der Gesellschaft und in der Wesenheit des menschlichen Charakters liegende Naturnothwendigkeit, ist das Mittel, durch welches die Staatsangehörigen zur echtmenschlichen Existenz gelangen. Hauptaufgabe des Staates ist es, für die Gesammtheit in der Art gleichmäßig Sorge zu tragen, daß nicht der Eine zum Vortheil des Anderen in Anspruch genommen, daß nicht der Eine auf Kosten des Anderen gehoben werde." (Lehr[1]).

Obwohl danach die gegenwärtig geltenden Lehren der National-Oekonomie im Allgemeinen den Betrieb eines Gewerbes von Seiten des Staates als unvereinbar mit den ihm zufallenden Aufgaben hinstellen, lehren doch gleicherweise Empirie und Theorie speciell für die Forstwirthschaft, daß dieselbe in dieser Beziehung eine Ausnahmestellung einnimmt.

A. Einmal nämlich waren die Staatsforsten schon vorhanden, ehe die gegenwärtig herrschenden staatswirthschaftlichen Anschauungen zur Geltung gelangten. Obwohl nun hiernach der Forstbetrieb des Staates hätte aufgegeben werden müssen, so durfte dies doch eben nach demselben Staatsprincip nur zu Gunsten der Gesammtheit geschehen, nicht aber auf Kosten einer einzelnen Klasse, weder der konkurrirenden Mitproducenten (indem durch den Verkauf an Private, welche nothwendig die Umtriebszeit erniedrigen, das An-

---

[1] Allg. Forst- und Jagdzeitung, 1870. S. 249: „Die nationalökonomische Umtriebszeit" von Dr. Lehr. — Vgl. Roscher, System der Volkswirthschaft I. 1874. § 16 und Bernhardt, Waldwirthschaft und Waldschutz. 1869. S. 79.

gebot vermehrt, die Preise gedrückt würden), noch auf Kosten der Konsumenten (indem bei den im Interesse der Staatskasse geforderten hohen Preisen für den Wald der Preis des Produktes ungebührlich erhöht würde), noch endlich auf Kosten der nicht als Producenten resp. Konsumenten betheiligten Klasse (indem eine bedeutende Anzahl von Beamten ꝛc. brotlos würde oder aber auf Kosten der anderen pensionirt werden müßte).

Einen allem genügenden Modus zu finden, dürfte also — wenigstens für die Gegenwart — unmöglich sein. Folglich wird der Staat, wo er einmal Forste besitzt, fortwirthschaften müssen und zwar nunmehr so, daß alle Klassen gleichen Antheil daran haben. Dies zu erreichen wird er nur dann im Stande sein, wenn er die Wirthschaft nach privatwirthschaftlichen (auf den höchsten Reinertrag gerichteten) Principien betreibt, weil nur dann die Produktionsfaktoren aller gleichen Gewerbe koordinirend wirken können.

Und er würde von diesen privatwirthschaftlichen Principien nur in Fällen abweichen dürfen, wo das allgemeine Wohl das Einschreiten des Staates erheischt, selbst wenn derselbe nicht Gewerbetreibender wäre[1]). Dieser Fall tritt ein, wo der zweite Grund Geltung gewinnt, nämlich:

B. der durch Staatswaldbesitz am sichersten und besten erreichte Einfluß der Wälder auf Land und Leute, der sowohl ein klimatischer, als auch hygienischer und ethischer sein kann. Er hat gegenüber dem sub A angeführten einen durchaus staatswirthschaftlichen Charakter; überall da, wo er eintritt, haben wir es mit sogenannten Schutzwäldern zu thun und fassen dabei in diesen Begriff alle diejenigen Waldungen, welche, sei es auch nicht in erster Linie, einen der allgemeinen Wohlfahrt dienenden Einfluß auf Land und Leute ausüben.

Das Gesagte ergiebt also, daß der Staat im Princip zwar kein Gewerbe betreiben soll, daß aber speciell die Forstwirthschaft eine Ausnahme bildet, weil einmal ihre Aufgabe ohne Schädi-

---

[1]) Vgl. Lehr, die nationalökonomische Umtriebszeit a. a. O. S. 249.

gung Einzelner nach den gegenwärtigen Verhältnissen nicht thunlich erscheint, sodann weil die Ueberzeugung mehr und mehr Geltung gewinnt, daß gerade der Staat zuerst die Verpflichtung habe, vom allgemeinen wirthschaftlichen Standpunkte aus den Einfluß des Waldes auf Land und Leute zu erhalten und zu fördern. Im ersteren Falle sollten bei der Bewirthschaftung privatwirthschaftliche Rücksichten gelten, im zweiten volkswirthschaftliche. In den bei Weitem meisten Fällen nun wird eine scharfe Trennung beider Richtungen garnicht möglich sein, vielmehr das privatwirthschaftliche und das volkswirthschaftliche Moment sich treffen, ja sich decken. Dieses eigenthümliche Verhältniß der Staatsforstwirthschaft in seiner Einwirkung auf die Lohnbildung der in ihr beschäftigten Arbeiter näher zu betrachten, soll nunmehr unsere Aufgabe sein.

Das Verhältniß zwischen dem Staat als Arbeitgeber und den Arbeitern in seiner Forstwirthschaft.

Nach den Lehren der National-Oekonomie wirken bei der Produktion drei Faktoren mit: Natur, Arbeit und Kapital. Der zweite derselben, die Arbeit, wird als die Aeußerung der menschlichen Arbeitskraft (v. Helferich), als ein Tauschgut definirt, welches durch den Uebergang in das Produkt Tauschgüter herstellt.

Ist also die Arbeit ein Tauschgut, so können wir sie unter die Rubrik „Waare" einreihen, und in der That entspricht dies der modernen Wirthschaftsordnung, „nach welcher das Arbeitsverhältniß als das Verhältniß zwischen dem Verkäufer und dem Käufer einer Waare aufgefaßt wird, und alle Forderungen, die die Wirthschaftsordnung bezüglich des Verkaufes von Waaren stellt, auch bezüglich des Arbeitsverkaufes erhoben werden müssen[1]".

---

[1] Brentano, Die Arbeiterversicherung gemäß der heutigen Wirthschaftsordnung. Br. 1871. S. 99.

Deshalb wird bei Schließung des Kaufvertrages von Arbeit der für diese Waare zu zahlende Preis, der Lohn, sich nach denselben Principien fixiren, die überhaupt den Preis bestimmen. Bekanntlich ist der Preis das Produkt beiderseitiger Schätzung der beiden Güter, welche vertauscht werden sollen und ist für das eine Gut der Ausdruck des Werthes im Vielfachen des anderen. Diese Schätzung erfolgt von beiden Seiten nach dem Gebrauchswerth und nach den Produktionskosten der zu tauschenden Güter. Ist das eine der beiden Güter ein allgemeines Preisgut, Geld, so scheiden sich die Bestimmungsmomente[1]):

auf Seiten des Käufers als Gebrauchswerth der Waare;
auf Seiten des Verkäufers als Produktionskosten der Waare.

Eine Komplicirung dieser absoluten Preisbestimmungs=Momente tritt ein, sobald mehr als ein Käufer und mehr als ein Verkäufer vorhanden ist, durch die Konkurrenz.

Es ist danach der Preis der Friedensschluß in dem Kampfe gegenseitiger Interessen, „jeder Eigennutz will möglichst viel von den Gütern des anderen gewinnen, möglichst wenig von den seinigen dabei verlieren" (Roscher)[2]). Modificirt wird der Preis dann noch durch Sitte und Herkommen besonders da, wo es noch wenig Konkurrenz giebt.

Dies angewendet auf den Preis der Arbeit giebt folgendes: Auf dem Markte kommen Arbeitgeber und Arbeitsuchende zusammen, diese suchen sich zu überbieten, um Arbeiter, jene sich zu unterbieten, um Arbeit zu bekommen, demnächst aber diese, möglichst wenig über den Gebrauchswerth der Arbeit hinauszugehen, jene, möglichst viel über die Produktionskosten zu erhalten. Beide Theile nähern sich gegenseitig bis zu einem Satze, wo für eine gewisse Leistung eine bestimmte Menge von Tauschgütern gegeben wird. Dieser Satz ist der Arbeitslohn.

Fragen wir nun, wie sich die angegebenen Lohngrenzen bilden

---

[1]) Vgl. Haushofer, Grundzüge der Nat.=Oek. München 1879. S. 56.
[2]) Roscher, Grundlagen der Nat.=Oek. Stuttgart 1874. § 101.

mit Bezug auf die staatliche Forstverwaltung als Arbeitgeber und auf den Forstarbeiter im Staatsbetriebe.

Wir sahen, daß der Lohn das Resultat einer Einigung zweier entgegengesetzter Forderungen ist, und zwar ist der Spielraum, in welchem diese Einigung möglich ist, durch die Forderungen selbst begrenzt, indem die Forderungen des Arbeitgebers die Grenze nach oben, die des Arbeiters die Grenze nach unten ziehen. „Zwei Grenzen, sagt Brentano[1]), sind geblieben, unter welche der Lohn dauernd nicht fallen und über welche er dauernd nicht steigen kann: als Minimalsatz der Lohn, welcher zum absoluten Lebensbedarf der nothwendigen Arbeiterzahl unentbehrlich ist; als Maximalsatz der, welcher, wenn überschritten, den Unternehmer ruiniren oder veranlassen würde, sein Geschäft aufzugeben. Der wirkliche Betrag des Lohnes aber zwischen diesen beiden äußersten Grenzpunkten ist eine Machtfrage zwischen dem Arbeiter und Arbeitgeber."

Suchen wir diese Maximal- und Minimalgrenze für den vorliegenden Fall genauer zu fixiren, indem wir:

A. den auf Seiten des Staates wirksamen Faktor und
B. den auf Seiten der Forstarbeiter wirksamen einer Betrachtung unterwerfen.

A. Der auf Seiten des Staates wirkende Faktor, Gebrauchswerth der Arbeit.

Oben versuchten wir den Nachweis zu liefern, daß die Regel für den Staatsforstbetrieb die Erzielung eines möglichst hohen Geldreinertrages zu bilden habe. Darin sind ja auch die Verwaltungen der Staatsforsten mit den Vertretern der Wissenschaft im Wesentlichen einverstanden. Darf dies als erwiesen gelten, so muß auch bei den Staatsforsten analog dem Privatwirthschaftsprincip der Gebrauchswerth der Arbeitsleistung das Lohnmaximum bestimmen.

---

[1]) Brentano, Zur Geschichte der englischen Gewerkvereine. Br. 1871 S. 210.

Da nun der Forstbetrieb ohne Arbeitskräfte so undenkbar ist, wie jedes andere Gewerbe, da das Produkt des Forstbetriebes zwar durch die Natur gegeben, aber durch die Arbeit erst nutzbar gemacht wird, so wird der Preis der Arbeit nothwendig mit dem Preis des Arbeitsproduktes steigen und fallen, richtet sich also nach dem Zwecke des Forstbetriebes und nach dem Gesammtertrage desselben.

Zweck und Ziele des staatlichen Forstbetriebes darzulegen, war oben versucht worden. Danach fallen die Ergebnisse desselben nothwendig entweder unter die privatwirthschaftlich oder unter die volkswirthschaftlich zu erreichenden Vortheile; denn erst durch die Arbeit werden die Einflüsse des Betriebes nutzbar.

Allgemein betrachtet nun werden die beiden Hauptkategorien der Waldarbeit, die Ernte und die Kultur, sich so darstellen, daß erstere vorwiegend den privatwirthschaftlichen, letztere den privat- und volkswirthschaftlichen Erfolgen zu Gute kommt. Die privatwirthschaftlichen Erfolge stellen sich aber offenbar dar in dem für die Forstprodukte erzielten Preise, der seinerseits wieder durch die Nachfrage der Konsumenten bedingt wird. Und zwar wird als das ausschlaggebende Produkt dasjenige anzusehen sein, welches gemäß der Natur der Forstwirthschaft am meisten begehrt wird, nämlich das Holz. Wir werden deshalb nach dem Gebrauchswerthe des Holzes zunächst den Gebrauchswerth der Arbeit bestimmen können.

α) Der Preis des Holzes.

Es ist, so sahen wir, der staatliche Forstbetrieb in erster Linie als ein Unternehmen anzusehen, welches dem Staate ein möglichst hohes Einkommen gewähren soll. Inwieweit dieser Gesichtspunkt durch andere Momente sich modificirt, wird sub β zu erörtern sein.

Bei jedem Unternehmen muß ein Unternehmer mit einem der Größe des Unternehmens entsprechenden Kapital, und zwar mit fixem und Betriebs-Kapital, ferner mit einer der Ausdehnung des Unternehmens analogen größeren oder geringeren Arbeiterschaft beschäftigt sein. Der Lohn dieser Arbeiterschaft wird immer im Verhältniß zur Nachfrage nach dem Arbeitsprodukte stehen, wird also zunächst nicht vom Unternehmer-Kapital, sondern von dem Konsumenten des Arbeitsproduktes bezahlt. „Das Kapital ist", sagt Hermann, „nur ein Frachtmittel dienend zur Ueberlieferung begehrter Güter von einer Person zur anderen." Je nachdem also das Arbeitsprodukt Gebrauchswerth besitzt, wird auch der Gebrauchs= werth der Arbeit steigen oder fallen.

Der Gebrauchswerth nun des Arbeitsproduktes, des Holzes, ist bekanntlich ein vielseitiger. Das Holz ist im Stande, unent= behrliche Bedürfnisse zu befriedigen. Denn obgleich fast in allen wesentlichen Verwendungszweigen des Holzes Surrogate verwendet werden können (Mineralkohle für Brennholz, Eisen für Nutzholz, jetzt sogar eiserne Schiffsmaste, eiserne Schiffsrippen, Eisenbahn= schwellen u. dgl.), sind diese Surrogate doch nicht im Stande, den Holzverbrauch völlig zu verdrängen, zumal da mit der aus= gedehnteren Benutzung derselben durch die rapide Hebung der Industrie zugleich eine Steigerung des Bedarfes eintrat, welcher diese noch weit überflügelte.

Daraus erklärt sich die eigenthümliche Erscheinung, daß die Holzpreise dem Gesetze[1]), wonach unentbehrliche Güter sehr großen Schwankungen unterliegen, wohl lokal, in kurzen Zeitabschnitten, nach einzelnen Holzarten und in einzelnen Sortimenten, unter= worfen erscheinen, dagegen bei größerer örtlicher und zeitlicher Zusammenfassung seither eine große Gleichmäßigkeit[2]) aufgewiesen haben, sodaß eine steigende Tendenz derselben unverkennbar war, welche sich im Durchschnitt pro Jahr mit 2 pCt. fixiren läßt.

Für den Forstfiskus in seiner Gesammtheit eliminiren sich die lokalen Preisschwankungen ganz, und auch die temporären gleichen sich für ihn infolge der Größe seines Kapitalbesitzes[3]) fast völlig

---

[1]) Vgl. Roscher, Grundl. der Nat.=Oek. 1874. § 103. 1.

[2]) Vgl. Allgem. Forst= und Jagdz. 1874. S. 136, dieselbe 1868. S. 265 und 1867. S. 321, — dieselbe 1877. S. 147 und 1864. S. 245 f.

[3]) Vgl. Bergius, Finanzwissenschaft. Berlin 1865. S. 349: „Jeder einzelne Privatunternehmer hat weniger Kapital und Credit als der Staat."

aus; in seinem Forstbetriebe also wird der Gebrauchswerth der Arbeitsleistung der Waldarbeiter gemäß den Erträgen aus dem Arbeitsprodukt ein der Kulturentwicklung analoger sein. Dies ergiebt die weitere Folgerung, daß mit Rücksicht auf die Holzpreise der Staat in der Lage sein wird, seine Forstarbeiter entsprechend der Kulturentwicklung d. h. entsprechend der mit dieser verbundenen Steigerung der Bedürfnisse zu lohnen.

Die Preise der Forstnebenprodukte würden nächst denen des Holzes in Betracht zu ziehen sein, können aber meines Erachtens als durchaus unwesentlich zur Lohnbestimmung unberücksichtigt bleiben. Denn einmal ist ihr Ertrag gegen den des Holzes meist minimal[1]) geworden, sodann aber erfolgt ihre Gewinnung nur in ganz untergeordneter Weise durch die Forstarbeiter, influirt also wohl auf den Reinertrag der Wirthschaft, nicht aber auf den Gebrauchswerth der Arbeit.

β) Die volkswirthschaftlichen Vortheile des forstlichen Arbeitsproduktes.

Dieselben zahlenmäßig zu bestimmen, wie es bei den Holzpreisen der Fall ist, ist hier offenbar unmöglich[2]); gleichwohl sind sie, wie eben die letzte Zeit mehr und mehr anerkennt, unter Umständen so bedeutend, daß sie die privatwirthschaftlichen Gesichtspunkte vielfach überragen. Hierbei ist nun aber der Arbeitsaufwand nicht so direkt betheiligt wie bei α, vielmehr sind die Arbeiten gerade da am Geringsten, wo der Charakter als Schutzwald am meisten hervortritt (Gebirgshänge, wo garnicht geschlagen wird u. dergl.). Bei der angenommenen weiteren Fassung des

---

[1]) Dagegen war noch im Anfang des vorigen Jahrhunderts der Werth der Mast in einigen Gegenden Deutschlands höher, als der Werth des zu hauenden Holzes, und selbst nach Anfang dieses Jahrhunderts bestand gegenüber der Gegenwart ein bedeutender Unterschied.

[2]) Vgl. Heyer, Forstliche Statik I. S. 32, ferner R. Lampe, zur Waldarbeiterfrage, Allg. Forst- und Jagdz. 1875 S. 114.: „Die Produktivität des Waldes läßt sich allerdings nicht durch Mark und Pfennige messen, ist jedoch unleugbar vorhanden."

Begriffes Schutzwald[1]) aber fallen unter denselben auch alle diejenigen Wälder, welche zwar in erster Linie zur Wahrung der volkswirthschaftlichen Einflüsse erhalten werden müssen, innerhalb dieser Bedingung aber ganz rationell, d. h. nach wirthschaftlichen Gesichtspunkten auf den größten Reinertrag bewirthschaftet werden können. Bei ihnen ist also nur ihre Erhaltung als Wälder eine volkswirthschaftliche Forderung, die Wirthschaft dagegen darf entschieden nach privatwirthschaftlichen Grundsätzen eingerichtet werden (Wälder in der Nähe großer Städte wie der Wiener Wald u. dergl.). Es geht daraus hervor, daß in ihnen durch gleich großen Arbeitsaufwand doch ein weit höherer Gewinn erzielt wird als in Privatwaldungen, nur deshalb, weil sie als Staatswaldungen zugleich den volkswirthschaftlichen Effekt zu erzielen vermögen unbeschadet ihres privatwirthschaftlichen Reinertrags.

Dieser Umstand berechtigt zu der Folgerung, daß wegen dieses höheren Gebrauchswerthes des Arbeitsproduktes der Staat die Maximalgrenze des Lohnes höher hinaufrücken kann, als der Privatmann, welcher als Einzelner keinen Vortheil von den Einflüssen seines Waldbesitzes auf Land und Leute genießt. Vollständig bedeutungslos wird dagegen diese Maximalgrenze niemals werden; denn die Neigung nach möglichst niedriger Lohnzahlung bleibt auch beim Staate berechtigt. Denn nach seinem Principe hat er das Wohl Aller zu fördern, nicht eine einzelne Klasse seiner Bürger auf Kosten der anderen zu begünstigen, was eben doch geschehen würde, wenn mit Hinblick auf die durch die Waldwirthschaft erzielten volkswirthschaftlichen Vortheile der Lohn der Forstarbeiter unbegrenzt erhöht werden sollte.

Vielmehr wird der Staat, wie später zu erörtern ist, den Lohn nicht unter die Produktionskosten der Arbeit sinken lassen dürfen. Demnächst aber hat er im Allgemeinen auch volkswirthschaftlich die Pflicht, da, wo es unbeschadet der directen volkswirthschaftlichen Einflüsse der Wälder angängig ist, den höchsten

---

[1]) Vgl. S. 6.

Reinertrag zu erstreben. Denn dieser fließt als baare Einnahme in die Staatskasse. Nun ist im Staatshaushalte das Anhäufen von großem Kapital ausgeschlossen. Jeder in demselben erzielte Ueberschuß der Einnahmen über die Ausgaben wird nicht kapitalisirt, sondern gleichwie eine Art Dividende an die einzelnen Glieder des Staates entweder durch Steuererlasse oder durch Ausführung staatswirthschaftlicher Unternehmungen verschiedenster Art vertheilt. Während also hohe Löhne (ebenso wie niedrige Holzpreise) nur lokal und nur einzelnen Staatsbürgerklassen vortheilhaft wären, wird durch erhöhten Ertrag aus der Forstwirthschaft eine Förderung sämmtlicher Staatsangehörigen erzielt.

Das Gesagte zeigt, daß in vielen, ja vielleicht in den meisten Fällen beide vom Staate zu verfolgenden Interessen in Einer Wirthschaft zur Geltung kommen. So darf gewiß gefolgert werden, daß angesichts dieses Umstandes im Ganzen genommen der Staat in der Lage ist, als Staat einen höheren Gebrauchswerth der aus seinem Waldbesitz entspringenden Produkte zu erzielen und daß er deshalb auch weitergehende Verpflichtungen gegenüber seinen Arbeitern zu erfüllen vermag. Lokal dagegen gestaltet sich dieses Verhältniß gewiß verschieden, nämlich je nach den Holzpreisen und je nach dem Charakter eines Waldes als Schutzwald.

B. Das von Seiten der Forstarbeiter einwirkende Moment zur Bestimmung des Arbeitslohnes.

Nach den Ausführungen auf Seite 8 f. war die Minimalhöhe des Arbeitslohnes durch die Forderung des Arbeiters gegeben, daß er die für Erzeugung der Arbeit aufgewandten Produktionskosten im Lohne zurückerstattet erhalte. Wie also stellen sich diese Produktionskosten dar?

„Die Produktionskosten der Arbeit sind die ganze Gütermenge, welche der Arbeiterstand bezw. ein bestimmter Theil desselben bedarf, um in gleicher Kraft und gleicher Menge Arbeit darbieten und leisten zu können." (v. Helferich.)

Diese Gütermenge zerfällt in folgende Einzelheiten:

α) Aufwand für den Lebensunterhalt des Arbeiters selbst.
β) Aufwand für den Lebensunterhalt der Familie.
γ) Fernerweite körperliche Bedürfnisse.
δ) Aufwand für Erlangung höherer technischer Fertigkeit und für größere Opfer an Bequemlichkeit und Lebenssicherheit.
ε) Höhere Bedürfnisse.
ζ) Sicherung für Zeiten mangelnden Verdienstes.

α) Aufwand für den Lebensunterhalt des Arbeiters selbst.

Die körperlichen Bedürfnisse müssen unter allen Umständen befriedigt werden, soll nicht durch großes Elend erst eine Ausgleichung ermöglicht werden. Bei dauerndem Sinken des Lohnes unter die Kosten der nothwendigen Lebensmittel würde zunächst eine wirthschaftlich sehr schädliche Erniedrigung der Lebenshaltung und Verminderung der Heiraten und Geburten[1]) eintreten, demnächst eine Entkräftung der Arbeiter, welche ihr Ende entweder in rasch vermehrter Sterblichkeit durch verheerende Krankheiten, oder durch Auswanderung finden würde. Dann würde erst nach verminderten Angebot der Lohn wieder steigen können. Es liegt auf der Hand, daß derartige Erscheinungen wirthschaftlich nur nachtheilig sein können, für die Arbeitgeber nicht minder, wie für die Arbeiter, und deshalb muß bei geregelter Wirthschaft zuerst auf Erfüllung dieser Bedingung gesehen werden.

Die Forstarbeiterschaft muß selbst unter den einfachsten Verhältnissen eine gewisse technische Fertigkeit unbedingt besitzen. Davon zeugen die zahlreichen Klagen der Forstbeamten in Mitte der siebenziger Jahre, wo mangels tüchtiger Landarbeiter jeder, der sich nur meldete, angenommen werden mußte, damit nur der Jahres-Etat erfüllt werden konnte. Lokal steigert sich dieses Erforderniß vielfach bedeutend. So sind in Revieren mit werthvollen Nutzhölzern, mit Femelschlagbetrieb, im Mittelwald, ferner im Hochgebirge, wo zu der Holzfällung die oft äußerst schwierige

---

[1]) Roscher, Grundlagen der Nat.-Oek. Stuttgart 1874. § 239.

Bringung kommt, Arbeiter von ganz bedeutender Geschicklichkeit und Technik nothwendig, soll der Betrieb nicht leiden. Aber selbst in Heiderevieren mit Kiefernkahlschlag, ist die Fertigkeit der Arbeiter von unverkennbarem Einfluß auf Quantität und Qualität der Produkte.

Daraus folgt, daß die Forstarbeiterschaft nicht ohne Weiteres rekrutirt werden kann aus jeder beliebigen Klasse von Arbeitern, vielmehr muß dem Arbeitgeber besonders angelegen sein, zur Erhaltung tüchtiger Kräfte beizutragen. Dies wird ermöglicht zunächst dadurch, daß die physische Arbeitskraft erhalten wird. Diese ist als die Basis zu betrachten, auf der alle weiteren Bedingungen zum Unterhalt aufgebaut werden können.

Speise und Trank.

Nach Voit[1]) beträgt das tägliche Kostmaß für den erwachsenen Arbeiter:

Bestandtheile der Nahrung.	Bei mäßiger Arbeit.			Bei angestrengter Arbeit.		
	feste Theile gr	in Procentwerthen gr	auf 100 Eiweiß trifft gr	feste Theile gr	in Procentwerthen gr	auf 100 Eiweiß trifft gr
Eiweiß . . .	118	17,4	100	145	20,9	100
Fett	56	8,3	47,5	100	14,4	68
Kohlehydrate .	500	74,3	224,0	447	64,7	308

Mit Restituirung dieser Stoffe[2]) ist also die Möglichkeit gegeben, den Körper eines Arbeiters kräftig zu erhalten. Es könnte danach sehr leicht erscheinen, durch einfache Berechnung der Preise der diese Stoffe liefernden Nahrungsmittel den Minimalgeldwerth der Kost zu berechnen. Aenliches ist auch versucht worden; König[3])

---

[1]) Voit, Ueber die Kost in einigen öffentlichen Anstalten. München 1877. S. 29.

[2]) Vgl. Anhang B. S. 99.

[3]) König, der Gehalt der menschlichen Nahrungsmittel an Nahrungs-

ſtellte einen „abſoluten Geldwerth" für Nährſtoffe in animaliſchen und vegetabiliſchen Nahrungsmitteln nach den in Münſter geltenden Handelspreiſen von Schweineſchmalz, Rindfleiſch und Kartoffeln auf und ermittelte:

Nährſtoffe	Von animal. Nahrungsmitteln koſten Mark	Von vegetab. Nahrungsmitteln koſten Mark
1 kg Eiweiß	6,5	1,50
1 kg Fett	2,0	1,45
1 kg Stärkem. u. Nfreie Extraktſtoffe	—	0,25

Dieſe Grundwerthe übertrug er dann auf den Eiweiß-, Fett-, und Stärkegehalt der einzelnen Nahrungsmittel und berechnete danach deren Werth.

Allein, daß dieſe Ergebniſſe ohne Weiteres zu einem brauchbaren Reſultat nicht führen können, zeigt Hofmann[1] durch den Nachweis einmal, daß die zu Grunde gelegten Nahrungsmittel, weil willkürlich gewählt, zur allgemeinen Preisbeſtimmung nicht dienen können, ſodann, daß die Aufnahme der die nöthigen Nährſtoffe enthaltenden Speiſen in den Magen keineswegs genügt, die Nährſtoffe dem Körper nutzbar zu machen, daß vielmehr, und ganz beſonders bei vorwiegend vegetabiliſcher Nahrung, vielfach ein großer Theil der Nährſtoffe unverdaut durch den Körper geht[1].

ſtoffen im Vergleich zu ihren Preiſen. Zeitſchr. f. Biologie. 1876. Bd. XII. S. 497.

[1] Hofmann, Bedeutung von Fleiſchnahrung und Fleiſchconſerven mit Bezug auf Preisverhältniſſe. Leipzig. 1880. S. 18. ff.

[1] Vgl. Hofmann a. a. O. S. 11 und 12. Bei angeſtellten Verſuchen ergab es ſich, daß im Mittel die tägliche Ausnutzung betrug:

Bei Pflanzenkoſt:	Feſte Theile gr	Eiweiß gr	Stärke gr
verdaut	356,6	38,7	263,8
unverdaut	115,9	44,4	28,2

Da nun gerade die Nahrung des Waldarbeiters in ganz überwiegender Weise eine vegetabilische ist, so erhellt, daß eine Garantie für ausreichende Ernährung noch keineswegs vorliegt, auch wenn in der genossenen Nahrung die genannten Stoffe in den erforderlichen Quanten enthalten wären, und daß eine auf obige Daten basirte Berechnung derselben für die Praxis nicht verwerthbar ist, da sie auf die Resorptionsfähigkeit der Verdauungsorgane keine Rücksicht nimmt. Deshalb mußte ein anderer Weg gefunden werden, wonach sich das Nahrungsbedürfniß in seinem durchschnittlichen Geldwerthe fixiren läßt.

Ich ging dabei von der Annahme aus, daß allenthalben, wie niedrig auch die Lohnsätze sein mögen, dieselben immer ausreichend sind, mindestens das Nahrungsbedürfniß zu befriedigen, sei es auch in dürftigster Weise. Dies erscheint berechtigt, wenn man bedenkt, daß es (nach Hofmann) möglich ist, im städtischen Armenhause zu Leipzig einen Erwachsenen für täglich 23 Pfennige körperlich zu erhalten. Rechnet man nun, daß der Geldbetrag von 23 Pfennigen in einer großen Stadt bei den durch die Transportkosten und die Nachfrage bedingten hohen Preisen der Lebensmittel ein weit geringeres Quantum dieser letzteren repräsentirt, als auf dem Lande, daß also dadurch offenbar der Vortheil, welcher in der Leipziger Anstalt durch Beschaffung in größern Posten und durch Massenzubereitungen erreicht werden kann, reichlich kompensirt wird, so ersieht man, daß der genannte Geldbetrag auch für ländliche Verhältnisse als ausreichend zur Beschaffung des erforderlichen täglichen Nahrungsbedarfes gewiß anzunehmen ist.

Aber auch wenn man bei Unterstellung besonders ungünstiger Verhältnisse den doppelten Geldbetrag, also 46 Pfennige annimmt, so ist derselbe abgesehen von notorischen Hungerlöhnen jederzeit

---

Es blieben also von dem wichtigsten Stoffe, dem Eiweiß mehr als die Hälfte unverbaut.

Bei vorw. Fleischkost:	Feste Theile	Eiweiß	Stärke
	gr	gr	gr
verbaut	221,8	73,0	124,1
unverbaut	33,6	16,9	4,9

noch niedriger als selbst der niedrigste Lohn für einen erwachsenen Arbeiter.

Von dieser Voraussetzung ausgehend benutzte ich nunmehr zur Berechnung des procentalen Antheils der Nahrung am Geldlohn der Arbeiter, die mir bekannt gewordenen Lohnsätze aus verschiedenen Verhältnissen nach Zeit, Ort und Art der Löhnung und fand danach folgendes:

Nach von der Goltz[1]) fallen bei einer ländlichen Arbeiterfamilie von einem Gesammtlohn von 283 Thaler auf:

Nahrung . . . . 57 pCt.
Kleidung . . . . 14 =
Wohnung . . . . 7 =
Heizung und Beleuchtung . . . 5 =
Sonstigen Haushalt . . . . . 6 =

Nach Roscher[2]) berechnete M. Culloch (Edition of Ad. Smith. 472) die Ernährung einer Feldtagelöhnerfamilie auf 40—60 pCt. ihres gesammten Unterhaltes und nach Rau[3]) beläuft sich dieselbe im Durchschnitt für Preußen auf 54 pCt.

Zum Vergleich diene hier noch die nach I. Wade (History of the middle and workings classe. 1833. S. 545)[4]) angestellte Berechnung, wonach eine englische Feldtagelöhnerfamilie 1762 verbrauchte: vom Gesammtlohn für: Nahrung 81 pCt., Heizung, Licht, Seife 3 pCt., Kleider und Betten 5 pCt., Miethe[5]) 2 pCt., Krankheit und Wochenbett 9 pCt.

Nach neueren statistischen Erhebungen von Hasse, Neßmann u. a.[6]) werden von den (Industrie=)Arbeitern verschiedener Länder durchschnittlich 60 pCt. des Einkommens verbraucht. Und Frief[7])

---

[1]) v. d. Goltz, die ländliche Arbeiterfrage und ihre Lösung. 1874. S. 382. ff.

[2]) a. a. O. § 164. 1.

[3]) Lehrbuch I. § 191. Vgl. Roscher a. a. O. § 164. 1.

[4]) Roscher a. a. O. § 162. 4.

[5]) ?

[6]) Vgl. Leipziger Tageblatt Nr. 20, vom 20. Januar 1881.

[7]) Frief, Hausbudget für 235 schlesische Arbeiterfamilien. Vgl. Leipziger Tageblatt, Nr. 20, vom 20. Januar 1881.

berechnete als Ausgabe für Nahrung bei niedrigstem Einkommen 60 pCt.

Wessely[1]) ferner giebt einzelne Daten des Unterhaltes von verschiedenen Arbeiterkategorien im österreichischen und steyerischen Salzkammergut, wonach sich folgendes berechnen läßt:

Für einen Bauerburschen (Knecht) in Steyermark, Gegend von Waidhofen a. d. Ybbs in Procenten vom Gesammtlohn[2]):

Nahrung . . . . 63 pCt.
Kleidung . . . . 9 =
Wohnung und Bett . . . . . 3 =
Arzt . . . . 2 =
Sonstige Bedürfnisse . . . . . 23 =

Für einen Holzer ebenda für Nahrung 60 pCt. des Gesammtlohnes[3]).

Für einen Köhler ebenda in Procenten vom Gesammtlohn[4]).

Nahrung . . . . 53 pCt.
Wohnung . . . . 9 =
Aerztliche Hilfe . . . . 2 =

Für die versorgungsberechtigten Köhler und Holzer der Gegend

---

[1]) Wessely, die Einrichtung des Forstdienstes in Oesterreich. Wien, 1861. Th. II. S. 160. ff.

[2]) Nämlich für die Orte:

	Nahrung fl.	Kleidung fl.	Wohnung u. Bett fl.	Arzt fl.	Baarlohn fl.	Gesammt- lohn fl.
Hollenstein . .	127,75	4,2	6	2,9	43	183,85
Gößling . . .	91,25	24,5	6	3,0	41	165,75
Waidhofen . .	121,66	20,0	6	3,33	36,66	187,65
	340,66	48,7	18	9,23	120,66	537,25

[3])

	Nahrung	Gesammtlohn
Hollenstein I. .	85,33	140
Hollenstein II. .	106,4	177
	191,73	317

von Waidhofen berechnet sich nach den angeführten Angaben in Procenten vom Gesammtlohn für[1]):

Nahrung . . . . 45 pCt.
Wohnung . . . . 5 =
Heizung . . . . 4 =
ein Grundstück . . . . . . 0,5 =
Krankenhilfe . . . . 1 =
Aerztliche Behandlung . . . 1,5 =
Ruhegehalt für Ableber . . . 11 =
Schulgeld . . . . 1 =

Rekapituliren wir also:
von der Goltz . . . . . 57 pCt.
M. Culloch . . . . . . 50 =
Rau . . . . 54 =
Nessmann ꝛc. . . . . . . 60 =
Frief . . . . 60 =
Wessely . . . . 63 pCt.
     60 =
     53 =
     45 =
    221 : 4 = 55 =
       336 : 6 = 56 pCt.

[4]

	Nahrung fl.	Wohnung fl.	Arzt fl.	Gesammtlohn fl.
Hollenstein . . .	101,20	12	3	177
Weyer	86,40	16	3	165
Waidhofen . . .	168,0	—	—	280
Gößling I. . . .	84,36	12,6	3	130
Gößling II. . . .	48,0	—	—	163
	487,96	40,6	9	915

[1]) Diese dem Wessely'schen Werke entnommenen Angaben erscheinen um deswillen besonders brauchbar, weil bei ihnen die Löhnung vorwiegend als in Naturalien geliefert normirt ist, so daß die durch Schwanken zwischen Naturalienwerth und Geldwerth bedingten Preisverschiedenheiten zwischen der Zeit, aus der die Angaben stammen und der jetzigen sich eliminiren.

Für die Forstarbeiter werden diese Zahlen insofern noch eine Modifikation zu erfahren haben, als angenommen werden muß, daß diese Arbeiter in Bezug auf Quantität wohl mehr konsumiren als Industrie-Arbeiter, indessen in Bezug auf Qualität weit einfachere und infolge dessen weit billigere Nahrungsmittel genießen, billiger deshalb, weil sie ihrer Einfachheit halber sämmtlich auf dem Lande, also im Wohnorte der Waldarbeiter producirt werden, die Transportkosten also zu den eigentlichen Produktionskosten nicht hinzutreten.

So vielgestaltig die Nahrungsmittel auch der untersten Bevölkerungsschichten im Allgemeinen sind, so weisen die mir bekannt gewordenen Verhältnisse der Forstarbeiter verschiedener Gegenden in der Zusammensetzung der Nahrungsmittel die denkbar einfachsten Formen auf. So ist durchweg das ganze Gebiet der animalischen Nahrungsmittel durchaus beschränkt auf thierische Fette und allenfalls Milch. Fleisch genießen die Forstarbeiter der verschiedenen Gegenden fast garnicht, höchstens in Mittel- und Norddeutschland theilweise Wurst und wöchentlich einmal Schweinefleisch.

Man könnte für Deutschland zwei Hauptregionen annehmen, diejenige mit vorwiegender Körner- und diejenige mit vorwiegender Kartoffelnahrung. Innerhalb dieser Hauptregionen stellen sich die Hauptnahrungsmittel natürlich sehr verschieden dar. Die Körnernahrung ist üblich im Süden Deutschlands und in Oesterreich. Sie besteht vorwiegend in Gries-, Waizen-, theilweise Maismehl, Brot und Schmalz, das Mehl meist als Mehlspeise vielfach mit guter Milch verarbeitet. Diese Kost findet sich in den Alpen allgemein und enthält reichlich alle dem Körper nöthigen Nährstoffe und diese in leicht resorbirbarer Form. Je weiter nach Norden, desto schlechter wird die Kost. Schon in der Gegend von Nürnberg tritt als sehr reichlich genossenes Nahrungsmittel der Kaffee auf und dessen schlechte Surrogate, dazu abgerahmte Milch und schon die Kartoffel. Das steigert sich nach Sachsen und Böhmen hinein und kulminirt im sächsischen Erzgebirge und nördlichen Böhmen, westlich im Spessart und der Röhn. Während der oberbaierische Holzer als Getränk für gewöhnlich nur Wasser,

des Sonntags allein gutes Bier genießt, dagegen den Brannt=
wein fast garnicht kennt, wird letzterer in Unterbaiern schon üblicher
wegen des dort theureren Bieres und ist das herrschende geistige
Getränk im Erzgebirge. Südwestdeutschland hat dafür den sehr
gesunden Apfelwein (Cyder, Most).

Vom Erzgebirge an nach Norden erstreckt sich die Region
der Kartoffel und kulminirt westlich im Eichsfeld und Vogels=
berg[1]), östlich in Oberschlesien. In ihr sind jedoch die beiden
durch ausgedehnten Ackerbau hervorragenden Gebiete Altenburg
und die Nordseeküstenländer hervorzuheben, wo die animalische
Nahrung auch bei der Arbeiterbevölkerung bedeutend in den Vorder=
grund tritt.

Daß die kräftigere Ernährung im Süden eine ungleich größere
Leistungsfähigkeit des Arbeiters erzeugt, scheint mir schon daraus
ersichtlich, daß der (Stück=) Lohn im Süden durchweg weit höher
ist, als im Norden. Nach den statistischen Erhebungen aus dem
Jahre 1873 von von der Goltz, von Langsdorff und
Richter[2]) (die Lage der ländlichen Arbeiter im deutschen Reiche
1875. S. 472 f.) betrug das durchschnittliche Jahres=Einkommen:
1. der grundbesitzenden Arbeiter im südlichen Deutschland
   781,8 Mark,
2. der kontraktlich gebundenen Arbeiter im nördlichen Deutsch=
   land 664,2 Mark,
3. der grundbesitzenden Taglöhner im nördlichen Deutschland
   627,9 Mark,
4. der freien Taglöhner ohne Grundbesitz im südlichen Deutsch=
   land 611,4 Mark,
5. der freien Taglöhner ohne Grundbesitz im nördlichen Deutsch=
   land 563,1 Mark.

Aus alledem scheint mir hervorzugehen, daß die Forstarbeiter,
welche die genannten einfachen Nahrungsmittel in relativ sehr

---

[1]) Hier pflegen sich sogar die Bräute mit der Kartoffelblüthe zu schmücken.
(v. Helferich.)

[2]) Vgl. Leo, Zur Arbeiterfrage in der Landwirthschaft. Oppeln. 1879.
S. 3.

einfacher Zubereitung genießen, wohl im Stande sind, für dieselben etwas weniger vom Gesammtlohn zu verausgaben, als jener zum Theil Industriearbeiterverhältnissen entnommene Durchschnitt von 56 pCt. des Gesammtlohnes, so daß die Annahme von 55 pCt. berechtigt erscheinen darf.

Erst wenn das körperliche Bedürfniß an Speise und Trank befriedigt ist, wird der Arbeiter an die weiteren Lebensbedürfnisse denken können und lieber[1] wird er in dürftigster Weise seine Blöße decken, lieber in der erbärmlichsten Hütte schlafen und wohnen, als Hunger leiden. Obwohl der Fall denkbar und öfter vorhanden ist, daß in besonders dürftigen Zeiten der menschliche Körper weniger als das oben angegebene, von Voit normirte Quantum Nährstoffe erhält und resorbirt, ist ein solcher Zustand im besten Falle auf einige (3—4) Monate[2] ausdehnbar, nämlich so lange, als die im Körper in Zeiten besseren Verdienstes aufgespeicherten Reservestoffe das Deficit zu decken vermögen. „Wer das Leben und die Ernährungsweise der ärmeren Bevölkerung genauer verfolgt, wird nicht selten durch die großen Schwankungen in Erstaunen versetzt." Immerhin wird das Nahrungsbedürfniß die erste und vollste Befriedigung erheischen, und erst danach kommen die anderen Lebensbedürfnisse.

Es besteht daher offenbar ein innerer Konner des Nahrungsbedürfnisses zu den anderen Lebensbedürfnissen, und es erscheint zulässig, diese letzteren auf das erstere als auf die Einheit zurückzuführen. Bezeichnet man die 55 pCt. des Gesammtlohnes mit N, so lassen sich alle anderen Bedürfnisse durch dieses N ausdrücken. Dieselben werden sich nun auf folgende Gegenstände zu erstrecken haben:

---

[1] Vgl. Lucas 15,16. Der verlorene Sohn.

[2] Vgl. Hofmann a. a. O. S. 63. f., woselbst ein Fall erwähnt wird, in welchem ein Arbeiter zur Zeit monatelanger Verdienstlosigkeit im Jahre 1878 auf eine tägliche Zufuhr beschränkt war von: gr
39,9 Eiweiß, 24,5 Fett, 220,0 Kohlehydrate
gegen das erforderl. . . 118 = 56 = 500 =
Vgl. auch der Hungerversuch des Dr. Tanner.

Kleidung.

Für den Forstarbeiter ist zu beachten, daß er an Kleidung mehr braucht als der Feldarbeiter, weil seine Beschäftigung im Walde dieselbe weit mehr strapazirt, und zudem die Hauptarbeit in den Winter fällt, in welchem der Arbeiter sich dicker, resp. besser, jedenfalls theurer bekleiden muß, um der Witterung widerstehen zu können, während die im Sommer beschäftigten Feldarbeiter oft nur mit Hose und Hemd bekleidet sind. Es wird deshalb das Kleiderprocent des Waldarbeiters gegenüber dem des Feldarbeiters ebenso steigen wie das quantitative Nahrungsbedürfniß, das gegenseitige Verhältniß beider also ziemlich dasselbe sein, wie bei den Landarbeitern überhaupt.

Nach Wessely[1]) läßt sich der Kleiderbedarf im Mittel auf 9 pCt. des Gesammtlohnes berechnen. Nach den Angaben von von der Goltz[2]) ergaben sich 14 pCt. für eine ostpreußische Feldarbeiterfamilie, wobei jedoch durch die billige Arbeit der Ehefrau entschieden dem verheirateten Arbeiter vor dem unverheirateten ein Vortheil erwächst.

Betrachtet man also den Umstand, daß der Waldarbeiter sich zwar sehr einfach kleidet, hingegen durch das Leben im Freien, besonders bei rauher, kalter oder nasser Witterung zweifellos mehr resp. theurere Kleidung gebraucht als der Feldarbeiter, so darf wohl die Annahme von 11 pCt. des Gesammtlohnes für Kleidung als begründet gelten, d. i. ausgedrückt in der angenommenen Einheit N

$$K : N = 11 : 55$$
$$K = 0{,}2 \, N.$$

Wohnung.

Nach den angeführten den österreichischen Verhältnissen entnommenen Daten betragen die Ausgaben für Wohnung im Mittel 3 pCt. des Gesammtlohnes, wobei allerdings zu beachten ist, daß der Gebirgsarbeiter während eines großen Theiles des Jahres in

---

[1]) a. a. O. II. 160 ff. Vgl. oben S. 94 ff.
[2]) a. a. O. S. 382.

den vom Fiskus unentgeldlich errichteten Holzerstuben zubringt, und daß infolge dessen der unverheiratete Arbeiter vielfach eine andere Wohnung nur während kurzer Zeit bedarf, meistens seine Habseligkeiten ohne oder gegen ein verschwindend kleines Entgeld bei einem Bekannten unterstellt. Oder aber der Arbeitgeber überläßt seinen ledigen und verheirateten Arbeitern gegen sehr billigen Zins Wohnungen[1]). Es erscheinen aus diesem Grunde die hier gegebenen Daten nicht recht brauchbar.

Dagegen giebt die Berechnung von von der Goltz 7 pCt. für Wohnung, nach demselben 5,7 pCt. In der Leipziger Gegend bezahlt eine Arbeiterfamilie 60—75 Mark für eine Wohnung bei einem Jahresverdienst von durchschnittlich 610 Mark, also etwa 10 pCt. des Gesammtlohnes. Danach erscheint die Annahme von 7 pCt. des Gesammtlohnes für Wohnung (W) angemessen. Und es ist also

$$W = 0{,}13\ N.$$

Beleuchtung und Heizung.

Die Beleuchtung und Heizung nimmt bei dem Forstarbeiter eine geringere Quote in Anspruch als bei den ländlichen Feldarbeitern. Denn gerade die kalte Jahreszeit findet den Waldarbeiter während des ganzen Tages im Freien. Er bedarf deshalb während des Tages nur dann Heizung, wenn er Familie hat, deren Glieder wegen Krankheit oder jugendlichen Alters einem Erwerbe auswärts nicht nachgehen können. Der ledige Arbeiter dagegen braucht die Stubenwärme nur am Feierabend, wobei er allerdings dann in der bekannten Vorliebe für sehr hohe Temperatur durch gesteigerten Brennmaterialienverbrauch den Vortheil theilweise kompensirt. Als Bruchtheil des Lohnes ist der Bedarf für

---

[1]) Vgl. Wessely a. a. O. II. 165. ff. So Wohnungen mit einem Jahreszins (15—20) = 17,5, 20 und 10 Gulden für 1,47, 1, resp. 0,33 und 0,50 Gulden jährlich. Dies giebt, wenn man den Jahreszins mit 3 Procent kapitalisirt, als Werth der betreffenden Wohnung 583, 666 und 333 fl., also eine Verzinsung Seitens des Arbeiters von 0,255, 0,15; 0,05 und 0,75 Procent, d. i. im Durchschnitt 0,13 Procent.

Heizung gerade beim Forstarbeiter in der Regel garnicht darzustellen, weil fast noch allerwärts die theilweise Naturallöhnung durch freies Brennholz (Feierabendholz, Klare, Abraum) besteht. Diese Berechtigung auf freies Brennholz wird meist weder vom Waldbesitzer noch vom Empfänger zahlenmäßig berechnet, obwohl dies überall da angängig erscheint, wo bei Nichtbestehen der Berechtigung der Waldbesitzer das nunmehr disponible Material in Geld umwandeln könnte[1]), der Arbeiter aber vom Baarlohn seinen Heizbedarf beschaffen müßte. Nur da, wo die hierbei blos in Frage kommenden geringsten Sortimente einen Marktpreis nicht haben, ist es privat- und volkswirthschaftlich vortheilhaft, durch Selbstwerbung dieselben denjenigen zu überlassen, welche die auf die Werbung verwendete Arbeit nicht in Anrechnung bringen können, wie eben die Holzhauer resp. deren Angehörige. Ein Marktpreis jedoch wird in den bei Weitem meisten Fällen für die fraglichen Sortimente nicht zu erzielen sein, vielmehr würden dieselben ungenützt umkommen[2]), wenn nicht der Holzarbeiter resp. dessen Angehörige sie wirthschaftlich verwertheten. Der Vortheil dieses Bezuges kommt also hier beiden Theilen zu Gute. Aber selbst im anderen Falle ist der Bedarf von Holz für die Arbeiter eine verhältnißmäßig sehr geringe Quote des Gesammtlohnes. Rechnet man dazu die Ausgabe für Beleuchtung, so reducirt sich diese für den Forstarbeiter ebenfalls auf ein Minimum und kommt ebenfalls nur für die verheirateten in Betracht. Der ledige Arbeiter, selbst wenn er jeden Abend seine Wohnung aufsucht, geht meist sofort nach dem in wenigen Minuten beendeten Abendimbiß zur Ruhe und erhebt sich wieder im Finstern.

Rechnet man deshalb Heizung und Beleuchtung (H) mit 4 pCt. vom Gesammtlohn, so darf dies als den durchschnittlichen

---

[1]) Nach Cotta bildet allein das Leseholz in sehr dicht bevölkerten Gegenden fast ein Drittel des Holzertrags. Vgl. Roscher, National-Oekonomik des Ackerbaues. Stuttgart, 1860. § 188. 5.

[2]) Vgl. Roscher, Nat.-Oek. des Ackerbaues, Stuttgart, 1860. § 191. 6. Fall in Preußen, wo die Behörde jährlich über 100 Thaler ausgeben muß, um den Abraum nur fortzuschaffen. (Pfeil, Forstpol.-Ges. 216.)

Verhältnissen ungefähr entsprechend angesehen werden, und es ergiebt sich also:
$$H = 0{,}07\ N.$$

Betrachten wir nun den Gesammtlohn, so bleiben nach Abzug von

<table>
<tr><td>55 pCt.</td><td>=</td><td>N</td><td>für</td><td>Nahrung,</td></tr>
<tr><td>11 „</td><td>= 0,20</td><td>„</td><td>„</td><td>Kleidung,</td></tr>
<tr><td>7 „</td><td>= 0,13</td><td>„</td><td>„</td><td>Wohnung,</td></tr>
<tr><td>4 „</td><td>= 0,07</td><td>„</td><td>„</td><td>Beleuchtung u. Heizung.</td></tr>
</table>

Summa: 77 pCt. = 1,40 N

noch 23 pCt. = 0,42 N zu fernerer Verwendung für den Waldarbeiter. Dieser Betrag wird zunächst zu decken haben den:

β) **Aufwand für den Lebensunterhalt der Familie.**

Dieser ist selbstverständlich ebenso nöthig wie der für den Arbeiter selbst und muß mit verdient werden, soll der Arbeiterstand nicht zu Grunde gehen. Hierbei nun wird folgendes zu berücksichtigen sein:

Das Verhältniß der ledigen zu den verheirateten ist etwa wie 1 : 3 bei der Waldarbeiterschaft. Fast alle Arbeiter heiraten und zwar meist in der Mitte der zwanziger Lebensjahre. Es kommen also auf die ledigen resp. wieder ledigen die jüngeren Kräfte (14.—26. Lebensjahr) und die verwittweten Männer.

Die durchschnittliche Kinderzahl der Ehepaare wird mit 3 anzusetzen sein, sodaß eine Arbeiterfamilie im Durchschnitt 5 Köpfe[1]) stark ist. Die Bedürfnisse der einzelnen Glieder sind aber sowohl der Natur nach, wie auch nach Sitte und Gewohnheit verschiedene. Allerwärts habe ich gefunden, daß Frau und Kinder qualitativ und quantitativ viel schlechter leben als der Mann. Dies gilt besonders in Bezug auf die Nahrung. Selbst da, wo z. B. des Sonntags ein Pfund Schweinefleisch auf den Tisch kommt, fällt auf den Hausvater der Hauptantheil, und ihm allein wird zur Abendmahlzeit der Rest aufbewahrt, während Frau und

---

[1]) Nach v. d. Goltz, Wessel u. a.

Kinder sich dann mit Brot oder besten Falls einer Schüssel Kartoffelsalat begnügen. Und wenn der Mann während der Woche auf sein Brot eine dünne Lage Butter streicht, nähren sich jene mit trockenem Brot und Kartoffeln, welche in Heringslake getaucht oder allenfalls mit spärlichen Fettgriefen schmackhaft gemacht werden. Deshalb wird der Geldwerth für die Nahrungsmittel bei Frau und Kindern tief unter den bei dem Manne sinken. Man wird den Geldwerth der ausreichenden Nahrung für Weib und Kinder mit ungefähr der Hälfte der für den Mann erforderlichen ansetzen können[1]).

Aehnlich ist dieses Verhältniß in Bezug auf Kleidung. Die Frau begnügt sich bei häuslicher Beschäftigung mit dem nur eben nothdürftigsten, und auch bei der Beschäftigung außer dem Hause genügt häufig ein Rock und eine Jacke, allenfalls noch ein Tuch. Und diese Kleidungsstücke dauern mehrere Jahre aus, wenn die Frau nur die Nadel ordentlich führt. Das Festtagsgewand ferner reicht nicht selten aus von der Hochzeit bis zum Grabe. Die Kinder werden mit den einigermaßen zugerichteten vom Manne resp. der Frau abgelegten Sachen bekleidet, sodaß man als Geldwerth dafür höchstens die darauf verwendete Arbeit der Frau berechnen kann, welcher anderer nutzbringender Beschäftigung dadurch verloren ging[2]).

Was endlich Wohnung und Heizung anlangt, so ist das Mehr

---

[1]) Vgl. Voit, Ueber die Kost in einigen öffentlichen Anstalten. München 1877. S. 27. — Es ist hierbei noch in Anschlag zu bringen, daß des Mannes Nahrungsbedürfniß nach der Verheiratung quantitativ und qualitativ sich nicht mindert, sondern eher steigt, daß aber durch die nunmehr wirthschaftlichere Anschaffung, Bereitung und Ausnutzung Seitens der Frau die Ernährung billiger wird, also dann u. U. eine geringere Quote des Gesammtlohnes ausmacht. Es würde unsre Rechnung aber zu komplicirt werden, wollte ich sie getrennt für den ledigen und den verheirateten Arbeiter durchführen. Deshalb glaubte ich es bei obigem Ansatz bewenden lassen zu sollen. Dasselbe gilt von der Kleidung.

[2]) Die Anzahl der Kinder übt einen irgend bemerklichen Einfluß nicht aus. Vgl. Roscher Grundl. der N.-Oek. 1874. § 161. 4.

was die Familie braucht, ebenfalls kaum berechenbar, zumal wenn der Holzarbeiter die Berechtigung auf Brennholz besitzt.

Nach alledem glaube ich, die körperlichen Gesammtbedürfnisse der Familie mit $\frac{1}{2}$ der des Mannes annähernd richtig zu taxiren, d. i. $\frac{77 \text{ pCt.}}{2}$ = 38 Procent vom Gesammtlohn des Mannes.

Gleichwohl würde dann nach der oben angestellten Berechnung der Lohn des Mannes, wie er üblich ist, nicht ausreichen, da wir sahen, daß nur 23 pCt. davon disponibel blieben. Allein ganz allgemein, im Norden wie im Süden Deutschlands pflegt die Frau selbst mit auf den Erwerb auszugehen.

Nach Rau[1]) kann man rechnen, daß in Deutschland die Tagelöhnerfrau $\frac{1}{3}$—$\frac{1}{2}$ soviel erwerben kann, wie der Mann. Nach den mir bekannt gewordenen Verhältnissen kommt ihr Erwerb sogar fast nirgends über $\frac{1}{3}$ von dem des Mannes hinaus, denn durch häusliche Arbeit, Schwangerschaft, Wochenbett, Kinderpflege und geringere Kräfte wird von ihrer Arbeitszeit mindestens $\frac{1}{3}$ absorbirt, sodaß man bei ihr nur 200 Arbeitstage im Jahre rechnen kann. Und in diesem Zeitraum verdient sie pro Tag nur 0,5—0,6[2]) dessen, was der Mann in derselben Zeit verdient. Dies ergiebt $\frac{1}{3}$ des männlichen Gesammtverdienstes.

Bezeichnet man demnach den Gesammtverdienst des Mannes mit α, den der Frau mit β, den Bedarf des Mannes mit a, den der Frau und der Kinder mit b, so ist

$$\beta = 0{,}33\ \alpha \text{ und } b = \tfrac{1}{2}\ a$$
$$a + b = a + \frac{a}{2} = 1{,}5\ a.$$

Nach obigem war
$$a = 0{,}77\ \alpha$$
also ist zu beschaffen:
$$a + b = 1{,}55\ \alpha$$
davon beschafft die Frau 0,33, es hat also der Mann, um sich

---

[1]) Rau, Lehrbuch I. § 190. Vgl. Roscher, a. a. O.

[2]) Nach Angaben bei Roscher, a. a. O. § 161 betrug in Frankreich im Jahre 1832 der Männerlohn $1\tfrac{1}{4}$ fr., der Weiberlohn $\tfrac{3}{4}$ fr., in England ersterer 27,85 £, letzterer 13,95 £. In der Provinz Sachsen gegenwärtig 1,5 Mark und 0,80 Mark.

und seine Familie zu erhalten, vom eigenen Verdienste zu verwenden 0,82 α, für die Familie also mehr (0,82—0,77) α = 0,05 α, oder auf die Einheit N gebracht:

$$b = 0,09 \text{ N} \text{ also:}$$
$$a + b = (1,40 + 0,09) \text{ N} = 1,49 \text{ N}.$$

Es bleiben sonach zur weiteren Disposition 18 pCt. vom Lohne des Mannes oder 0,33 N. Wozu ist dieser Betrag zu verwenden?

γ) Fernerweite körperliche Bedürfnisse.

Mit der Deckung des für das körperliche Gedeihen als nothwendig zu erachtenden Bedarfes ist die Reihe dringender Lebensbedürfnisse noch nicht abgeschlossen. Nur die allerwenigsten Arbeiter in einzelnen Ländern vermögen thatsächlich sich mit Erfüllung der ersteren zu begnügen[1]). Je entwickelter die Kultur eines Landes ist, um so höher steht nothwendig die Lebenshaltung des Arbeiters, und im Interesse der fortschreitenden Kultur ist es volkswirthschaftlich ein günstiges Zeichen, wenn dies der Fall ist. Denn die Konsumtion der Güter ist doch der schließliche Endzweck jeder Wirthschaft. Hierbei werden zunächst die Nahrungsbedürfnisse eine qualitative Steigerung erfahren, jedoch nur bis zu einer gewissen Höhe, nämlich soweit, daß der Körper die gut auskömmliche Zufuhr erhält einschließlich der mehr oder weniger kostspieligen Verfeinerung[2]) der Nahrungsmittel zum Genußmittel. Sehen wir hier ab von einer epikuräischen Raffinirung, die die Ernährung ausschließlich als Genuß zu betrachten geneigt und

---

[1]) So die Kulis in China und Amerika, welche fast nur Reis und etwas Fisch oder Fleisch sowie vegetabilischen Käse genießen (nach Voit, a. a. O. S. 16. durchschnittlich 902 gr Reis, 160 gr Fisch oder Fleisch), sich nur mit Hemd und Gürtel kleiden, ohne Beschwerde im Freien übernachten. Aehnlich die Inder, bei uns die oberitalienischen Arbeiter. (Vgl. Hofmann, Fleischnahrung und Fleischconserven 1880. S. 63.

[2]) „Die Schmackhaftigkeit der Speisen ist zwar unentbehrlich, jedoch mit den einfachsten Mitteln zu erreichen und wird bei nur einiger Uebung und Aufmerksamkeit auch wirklich erreicht." Hofmann a. a. O. 18.

dann in ihren Forderungen allerdings unbegrenzt ist[1]), so finden wir, daß je nach dem Stande der Kultur die Ansprüche an die Nahrungsmittel in quali steigen, gegenüber aber den anderen Lebensbedürfnissen sehr bald außerordentlich zurückbleiben. So zeigt sich bei den rohesten Wilden, welche nackt in Erdhöhlen wohnen, dem Thiere also relativ am nächsten stehen, als ausschließlich ausgesprochenes Bedürfniß das nach Nahrung, sodaß sie selbst ihre Mitmenschen demselben opfern. Und je nach dem Bildungsstande innerhalb eines Volkes steigt im Verhältniß zu den anderen Bedürfnissen das nach Nahrung in weit geringerer Weise. Während wir für die ländlichen Arbeiter durchschnittlich 55 pCt. des Gesammteinkommens für die Nahrung annehmen mußten, sinkt der Antheil vom Gesammteinkommen für Nahrung (abgesehen eben von solchen Fällen, wo der Genuß obenan steht) bis 25 pCt. und tief darunter.

Es läßt sich danach meines Erachtens vom Forstarbeiter wohl annehmen, daß er ein etwaiges Mehr des Einkommens gewiß rasch zu einer Verfeinerung, hier dann meist auch Verbesserung der Nahrungsmittel benutzen, darin jedoch bald sich selbst eine Grenze setzen wird, um demnächst die Befriedigungsmittel derjenigen Bedürfnisse zu verfeinern, welche einer Steigerung in weit höherem Grade fähig sind[2]).

Dies wird vor allen Dingen der Fall sein in Bezug auf

---

[1]) Hierbei spielt bekanntlich die Einbildung eine große Rolle. So der Genuß von Sekt in den höheren Ständen, von ausländischen, nicht nothwendig besseren, sondern nur schwer zu beschaffenden, oder an sich nicht werthvollen, sondern nur wegen der ungünstigen Jahreszeit seltenen und gerade deshalb beliebten Speisen, oder endlich die bis zum Wahnsinn ausartende Komplicirung, wie jener bekannte Becher Weins der Kleopatra, in welchem eine kostbare Perle aufgelöst war.

[2]) Das Verlangen nach Speise ist in jedem Menschen durch den engen Raum des Magens eingeschränkt: die Begierde nach den Bequemlichkeiten und Zierden der Wohnungen, Kleider, Equipagen und Hausgeräthen hingegen scheint keine bestimmte Grenze zu haben. Ad. Smith. (Vgl. Allg. Forst- und J.-Z. Suppl. VIII. 2. Hft. 3. Die Bodenrente von Lehr. S. 135.)

Kleidung und Wohnung, fast garnicht dagegen in Bezug auf Heizung und Beleuchtung.

Der besser gestellte Arbeiter, der sich und die Seinen täglich satt machen kann, wird nunmehr gern der jedem Menschen mehr oder weniger inne wohnenden Eitelkeit Befriedigung gewähren, indem er sich ein gutes Festkleid anschafft, abgetragene und mit Flicken besetzte Kleidungsstücke eher ablegt. Besonders die Frau wird dann irgend einen Schmuck sich anlegen, sei es auch nur ein Band an der Haube oder ein buntes Tüchlein.

In der Wohnung ferner werden die Leute in dem dem Deutschen eigenthümlichen Wunsche nach Gemüthlichkeit sich neben den nothdürftigen Haushaltungsstücken Gegenstände der Bequemlichkeit und des Prunkes anschaffen, wie dies im Kanapee, im Glasschrank mit den bunten Tassen und den Hochzeits= oder Kindtaufkränzen, der guten Stube der Mittelstände rc., beredten Ausdruck findet.

Daß gerade in Hinsicht auf die äußere Beschaffenheit der Wohnungen eine Verbesserung für die Waldarbeiter nicht nur möglich, sondern auch sehr zu wünschen ist, lehrt schon ein oberflächlicher Blick auf die Behausungen derselben in vielen Gegenden. Gerade in waldreichen Gegenden, wo meist der allgemeine Wohlstand ein geringerer ist, als in denen, wo der Ackerbau vorherrscht, sind die Arbeiterhäuser oft über alle Beschreibung schlecht, mögen sie den Arbeitern eigenthümlich gehören oder von ihnen nur ermiethet sein. Meist sind es alte Fachwerkhäuser oder gar ganz hölzerne Hütten. Der Arbeiter verwendet aus eigener Initiative kaum mehr auf sein Haus, als unumgänglich nöthig ist, es bewohnbar zu erhalten, der Vermiether aber solcher Häuser thut häufig selbst dies noch nicht, sondern geht von der Erwägung aus, daß der ohnehin geringe Miethzins schon durch kleine Reparaturbauten aufgezehrt werden würde, daß der Arbeiter durch die nur ihn treffende Unzulänglichkeit der Wohnung kaum so leicht zum Verlassen derselben genöthigt ist, als viel eher zum Beseitigen der dringendsten Schäden aus eigenen Kräften. Natürlich erstrecken sich dann die Reparaturen nur soweit, daß die Wohnung gegen die Einflüsse der Witterung Schutz gewährt[1]). Gerade aber diese Unzulänglichkeit vieler Wohnungen hat schwere Schädigungen für das leibliche und geistige Wohl der Arbeiter zur Folge. Die große Sterblichkeit der Kinder bei der ländlichen Arbeiterschaft hängt zweifellos wesentlich damit zusammen, und der Arbeiter selbst sucht dann die Gemüthlichkeit, welche ihm im Heim fehlt, im Wirthshaus und verwendet dann zu flüchtigem und schädlichem Genuß, was zur Deckung des nöthigen Lebensbedarfs bestimmt sein mußte.

Zu alledem ist nun noch zu rechnen, was als bloßes Genußmittel verwendet, allmählich selbst bei dem Aermsten zu einer Art Bedürfniß geworden ist. Es sind dies in erster Linie allerwärts die geistigen Getränke und sodann der Tabak. Gerade unsere Forstarbeiter betrachten meistens beides als unbedingt zum Leben gehörig und opfern den Genüssen des Tabaks und der geistigen Getränke nicht selten die Befriedigung dringlicher Bedürfnisse. So offenbar der schädigende Einfluß der geistigen Getränke auf die unteren Klassen besonders im deutschen Volke ist, so darf man doch einen mäßigen Gebrauch derselben durch den Arbeiter gewiß nicht unterdrücken wollen. Zahlreiche Versuche von Arbeitgebern, durch Belohnungen und Strenge den Branntwein- und Biergenuß bei ihren Arbeitern zu beseitigen, haben zu nichts anderem geführt, als daß diese entweder die in Aussicht gestellten Belohnungen verschmähten, oder heimlich dem beliebten Genuß fröhnten, und daß so in beiden Fällen das Uebel eher gemehrt als gemindert wurde. Das einzig thunliche ist also wohl eine kräftige Beschränkung[2])

---

[1]) Es läßt sich nicht leugnen, daß die Dienstleute im großen Durchschnitt lieber ein Paar Scheffel Getreide jährlich mehr nehmen und sich mit einer mangelhaften Behausung zufrieden geben, als umgekehrt; ebenso daß sie den Werth einer Wohnung mehr danach beurtheilen, ob sie warm ist oder sich leicht erwärmen läßt, als danach ob sie gesund oder geräumig ist. v. d. Goltz. Ländliche Arbeiterfrage. 1874. S. 26.

[2]) Vgl. Dienstordnung für die Meister- und Arbeiterschaft des österr. steyerm. Salzkammergutes § 14. 7. „Der Genuß geistiger Getränke während der Arbeit ist strenge untersagt."

des Uebermaßes, wie ja auch die neuere Gesetzgebung es wirksam anstrebt.

Als durch die körperliche Konstitution erlaubtes resp. infolge der Gewöhnung durch die anstrengende Arbeit gebotenes Maß erscheint im nördlichen und östlichen Deutschland 1 Liter Branntwein pro Woche, an dessen Stelle wegen des höheren Preises kaum öfter als einmal pro Woche $1/2$ Liter Bier tritt. In Süddeutschland ist der Branntwein vortheilhaft durch billiges und gutes Bier ersetzt.

Nach dem durchschnittlichen Preise der letzten Jahre repräsentirt dies einen Geldbetrag von 44 Pfennigen pro Woche.

Der Tabakverbrauch beschränkt sich im Wesentlichen auf Pfeifentabak und kann man rechnen, daß ein Arbeiter während der Woche $1/2$ Pfund à 15 Pfennige verbraucht. Es entfällt danach für Tabak und Branntwein pro Tag eine Summe von 8—9 Pfennigen, wobei jedoch eben das einfachste Verhältniß angenommen ist.

Zu diesen durch den Kulturstand und die Sitte nothwendig gewordenen Bedürfnißmitteln kommen endlich noch die staatlichen und eventuell kommunalen Abgaben und für den verheirateten Arbeiter das Schulgeld, es sei denn, daß er wegen allzugeringen Einkommens von letzterem entbunden ist und seine Kinder in eine Armenschule schicken kann.

Die Staats- und Kommunalabgaben sind wohl für jeden Waldarbeiter eine nothwendige Ausgabe geworden. In Preußen gehören in die unterste gerade noch Einkommensteuerpflichtige Klasse alle diejenigen welche ein Einkommen von 420 Mark beziehen. In diese Klasse tritt also abgesehen von abnormen Verhältnissen[1] der Waldarbeiter immer ein, jedoch nur in sehr seltenen Fällen in die nächsthöhere bei 660 Mark jährlichen Einkommens beginnende Klasse. Seine Staatsabgaben betragen also in der Regel 3 Mark (2,88). Die Kommunalabgaben können

---

[1] In Oberschlesien erhielten während des Nothstandes im Jahre 1880 die bei Wegebauten beschäftigten Tagelöhner Löhne von 0,3—1 Mark.

wohl in den meisten Fällen als ebenso hoch angesetzt werden, vielfach sind sie aber gewiß ein Minimum für den Arbeiter.

Die Schulabgaben dagegen können sich leicht höher belaufen, immerhin aber erscheinen sie unbedeutend gegenüber den anderen Ausgaben des Arbeiters. von der Goltz normirt sie für die ostpreußische Landarbeiterfamilie bei 2—3 Kindern mit 1 Thaler, die Abgaben mit 2 Thalern.

Rechnen wir also die oben als Verfeinerung d. i. Preiserhöhung der nothwendigen Lebensmittel in Ansatz zu bringenden Ausgaben, diejenigen ferner für die zum Bedürfniß gewordenen Genußmittel unter eine Rubrik zusammen, so glaube ich mit 8 pCt. des Gesammteinkommens dieselben ungefähr richtig normirt zu haben, oder im Nahrungsmittelpreis ausgedrückt mit 0,15 N.

Es kommen demnach zu den 77 pCt. = 1,40 N als Ausgabe für Beschaffung der hier genannten Unterhaltsmittel weitere 8 pCt. = 0,15 N, was als Summe ergiebt: 90 pCt. vom Gesammtlohn = 1,64 N.

δ) Aufwand für Erlangung höherer technischer Fertigkeit und für größere Opfer an Bequemlichkeit und Lebenssicherheit.

Wenn nach Befriedigung aller genannten Bedürfnisse dem Arbeiter noch ein Rest des Lohnes von 10 pCt. = 0,18 N verbleibt, so ist dies keineswegs als ein ihm zu Theil werdendes Almosen oder als überflüssig zu betrachten, sondern es ist ein ihm mit vollstem Rechte zustehender Betrag. Denn überall da, wo die Waldarbeiten nicht mehr, wie etwa noch in Polen, Rußland, Galizien, sich auf das „Umwerfen" der Bäume beschränken, erfordert der Betrieb der rationellen Waldwirthschaft, wie sie in den deutschen Staaten allerwärts Regel ist, selbst in den einfachsten Verhältnissen[1]) (Kiefernheide), eine gewisse technische Fertigkeit des

---

[1]) Das Aufmessen der Nutzhölzer und korrekte Aufstellen der Brennholzklaftern. Auch ersteres muß nothwendig von Arbeitern besorgt werden, da das Forstpersonal nicht im Stande ist, dieß allein zu besorgen. Vgl. Die Förster-Dienstinstruktion für Preußen § 52.

Arbeiters. Diese Fertigkeit muß sich unter Umständen steigern zu einer ausgesprochenen Kunstfertigkeit in allen schwierigen Verhältnissen z. B. im Samenschlag, Mittelwaldbetrieb[1]), Schälwald[2]), im Hochgebirge. Im letzteren besonders deshalb, weil da die Bringung zum Fällungsbetriebe hinzutritt. Es ist darum nicht jeder Handarbeiter ohne Weiteres zur Forstarbeit brauchbar, „denn", sagt von Berg[3]), „die gute Ausführung der Anordnungen ist es allein, was in vielen Fällen das Gelingen der wirthschaftlichen Operationen sichert, oder die größere oder geringere Kostbarkeit derselben bedingt." Die Verwendung tüchtigen Arbeiterpersonales ist also um so mehr zweckmäßig, als dasselbe seinerseits höheren Lohn erhalten, der Arbeitgeber gleichwohl billigere Erntekosten aufzuwenden hat, insofern als er das besser aufbereitete Material als thatsächlich werthvoller zu einem höheren Preise verwerthen kann[4]).

Will also der Staat sich diesen nicht zu unterschätzenden Vortheil zu Nutze machen, so erwachsen daraus für ihn zwei Bedingungen, einmal muß er die bereits vorhandenen tüchtigen Arbeiter auch ihrer technischen Fertigkeit nach höher lohnen, als gewöhnliche Arbeiter, sodann wird er sich angelegen sein lassen müssen, den nachwachsenden Geschlechtern Gelegenheit zu verschaffen, daß sie sich durch Anschauung und Uebung die zu einem möglichst vortheilhaften Betriebe nothwendige Technik erwerben. Zu dieser Technik wird aber noch hinzutreten müssen, eine Neigung, Liebe des Arbeiters zu der Waldarbeit, so daß nicht der höhere Gelderwerb allein ihn dauernd derselben erhält, sondern das Verwachsensein mit dem auch für den Arbeiter poesiereichen Wald und ein

---

[1]) Vorsichtiges Fällen der Bäume, so daß das zum Ueberhalten bestimmte Material nicht beschädigt wird.

[2]) Der Abhieb in korrekter Weise bedingt die Ausschlagfähigkeit.

[3]) von Berg, Staatsforstwirthschaftslehre. Dresden 1850. S. 416.

[4]) Vgl. Roscher, Nat. Oek. des Ackerbaues 1860. § 155. 6. Danach beträgt der Verlust durch Bewirkung der Scheitlänge mit der Axt 6—8 pCt., Hauen des Brennholzes in der Saftzeit 12—13 pCt., Verbrennung des noch grünen Holzes 25 pCt. Verlust der Masse. (Nach Hartig Lehrbuch III. 238 ff.).

Stolz, der es ihm eine Ehre sein läßt, in diesem Walde zu leben und zu arbeiten. Ich werde unten zu erörtern haben, auf welchem Wege dies meines Erachtens zweckmäßig erreicht wird.

Endlich aber ist ein über das Maß des nöthigen Ersatzes hinausgehender Lohn um deswillen gerechtfertigt, als vom Waldarbeiter in den bei Weitem meisten Fällen höhere Opfer an Bequemlichkeit und leiblicher Sicherheit gefordert werden als vom gewöhnlichen ländlichen Arbeiter. Die in der Hauptsache in der rauhen Jahreszeit, stets aber im Freien zu leistende Arbeit, muß nothwendig den Körper in hohem Grade anstrengen. Rechnet man dazu die Führung der schweren Werkzeuge, die oft äußerst schwierige Behandlung des Rohmaterials, ferner den in den meisten Fällen unwirthlichen Aufenthalt auf den Schlägen, zu denen ein oft stundenlanger Weg[1]) bei herrschender Finsterniß, von denen ein ebensolcher Heimweg zurückzulegen ist, wo sie während des Tages fern von Familie und Haus selbst das Mittagbrot im Freien, allenfalls bei einem geschichteten Feuer verzehren müssen, so wird man nicht verkennen können, daß diese Entbehrungen einer entsprechenden Vergütung wohl werth sind.

Da berührt es denn freilich eigenthümlich, wenn Fribolin[2]) in einer Zusammenstellung der Löhne im Württemberger Unterlande während der letzten 25 Jahre nachweist, daß die dortigen Waldarbeiter immer niedriger gelohnt waren, als andere Tagelöhner. Nach den dortigen Angaben betrug im Durchschnitt der Lohn der

---

[1]) Die auf die Wege verwendete Zeit geht dem nach dem Stücklohnprincip bezahlten Arbeiter oder besten Falls, wenn die Wege während der Dunkelheit zurückgelegt werden können, der diesem nöthigen Ruhezeit, also immer zum Schaden des Arbeiters verloren.

[2]) Monatsschrift für Forst- und Jagdwesen. 1874. S. 267. — Vgl. auch Forstliche Blätter 1875. S. 13, Verhandlungen des Badischen Forstvereins zu Schopfheim am 22. September 1873. Antrag Lubberger: der Waldarbeiter muß stets etwas mehr verdienen als die ihm gleichzustellenden Arbeiter bei der Industrie.

	Tagelöhner	Waldarbeiter	
		Tagelohn	Stücklohn
1847/50	36	30	26
1851/58	42	34	28
1859/64	51	43	30
1865/71	60	48	33
1872	70	57	40
1873	105	63	43

Der Geldlohn für Fabrikarbeiter und Handwerker in Württemberg war nach einem statistischen Bericht der Württembergischen Handelskammer von 1872[1]) in eben diesem Jahre gegenüber von 1830/39 um 54 pCt. höher als der Früchtepreis, 25 pCt. höher als der Bierpreis, 48 pCt. niedriger als der Fleischpreis und gegenüber von 1860/65 überragte der Geldlohn den Früchtepreis um 8 pCt. und war um 32 pCt. niedriger als der Fleischaufschlag und 2 pCt. als der des Bieres. Hieraus ergiebt sich also für Fabrikarbeiter und Handwerker eine entschiedene Aufbesserung der Lebenshaltung. Um so mehr mußte es dem Waldarbeiter fühlbar sein, nicht ebenso gestellt zu sein und um so geneigter mußte er werden, die Forstarbeit mit der Fabrikarbeit zu vertauschen.

Dasselbe geht hervor aus einer ähnlichen Zusammenstellung aus Norddeutschland. Nach der Vierteljahrsschrift für Volkswirthschaft und Kulturgeschichte von Faucher (X. Jahrgang. 3. Bd. S. 140 ff.)[2]) betrug in der Stadt Arnswalde die Lohnsteigerung:

	pro 1822/71	pro 1852/71
für Holzhauer	33¼	11
= Torfstecher	43	—
= Holzkleinmacher . .	100	100
= Fuhrlohn	83	48
= Tagelöhner	48	48
= Zimmergesellen . . .	62	40
= Maurergesellen . . .	62	35
= Maurerarbeiter . . .	75	40

---

[1]) Allg. Forst= und Jagdzeitung 1875. Februar S. 72.
[2]) Forstliche Blätter. 1876. S. 89 Albert, Zur Waldarbeiterfrage.

Die Durchschnittspreise dagegen stellten sich 1852/71 höher als jene von 1822/51:

> für Waizen . . um 46 pCt.
> = Roggen . . = 61 =
> = Kartoffeln . = 59 =
> = Arbeitshäuser = 100 =

Dies ergiebt für die Holzhauerlöhne ein bedeutendes Zurückbleiben gegenüber den anderen Arbeitslöhnen und gegenüber den Lebensmittelpreisen[1]).

Für Böhmen weist von Steiger[2]) nach, daß daselbst im Allgemeinen die Arbeitslöhne seit 200 Jahren, hauptsächlich aber in den letzten 100 Jahren durchschnittlich um das 7—8fache gestiegen sind, die Nahrungsmittel nur etwa um das 4fache. Auch hier aber bleiben die Löhne der Waldarbeiter hinter denen der Industrie-Arbeiter zurück[3]). —

Der für diese Momente: technische Fertigkeit, Opfer an Bequemlichkeit und körperliche Sicherheit in Anrechnung zu bringende Restbetrag von 10 pCt. ist gewiß also als wohl verdient und nicht zu hoch bemessen anzusehen.

Wie nun der Arbeiter seinerseits diesen wohlverdienten Ueberschuß zweckmäßig zu verwenden haben wird, soll im Weiteren erörtert werden.

ε) Höhere Bedürfnisse.

Der physische Mensch hat neben den natürlichen, niederen Bedürfnissen, welche befriedigt werden müssen, soll er anders bestehen können, noch eine ganze Anzahl solcher, deren Befriedigung

---

[1]) Dasselbe Mißverhältniß wird auch für Mecklenburg nachgewiesen in einem Aufsatz der Nordd. Allg. Ztg. abgedruckt in den Forstl. Blättern. 1875. S. 62 f.

[2]) Allg. Forst- und Jagd-Ztg. 1876. S. 399.

[3]) Dabei ist nun aber nicht zu übersehen, daß die Vergleichungen gerade bis zu dem Jahre hin reichen, in welchem die Industrie auf dem Gipfel des sogenannten Aufschwunges stand, 1873. Heute würde sich ein verhältnißmäßig weniger günstiges Bild für die industriellen Arbeiter entrollen.

ihn als geistiges Wesen über das Thier erhebt. Gerade sie zu fördern, von gemeinen Richtungen ab auf edle Ziele zuzulenken, ist eine nicht genug hervorzuhebende Aufgabe der Kultur; denn eben dadurch erst wird der Arbeiter zu einem sittlichen Wesen, einem Ebenbilde des göttlichen Schöpfers. Garantiren also jene im Lohne zu erstattenden Ausgaben das Fortbestehen des physischen Menschen in ungeschwächter körperlicher Kraft, so ist die Befriedigung dieser erforderlich zur Erhaltung und Förderung der sittlichen, geistigen Eigenschaften desselben. Das Bedürfniß hiernach ist in unseren Tagen bekanntlich in allen Schichten des vierten Standes sehr lebhaft und die Veranlassung zu den zahllosen Verirrungen der großen Menge desselben. Gerade dies also legt es allen Arbeitgebern besonders nahe, an ihrer Stelle mit allen Kräften eine geistige und sittliche Hebung ihrer Arbeiter zu bewirken. Hierin hat sich das große Princip des Gemeinsinns thätig zu erweisen, was als gleichberechtigte geistige Triebfeder jeder Wirthschaft zu Grunde liegen muß als wirksame Gegenkraft gegen den Eigennuß[1]).

Und selbst ein ausschließlich vom Eigennuß geleiteter kluger Unternehmer wird doch bestrebt sein, seinen Arbeitern ihren sittlichen Werth zum Bewußtsein zu bringen. Denn erst dann wird er gewiß sein können, daß die Arbeitsleistung derselben ihre angemessene Höhe erreicht hat. Ein schlagender Beweis hierfür ist die bekannte Erscheinung, daß in der Regel Sclaven von allen Arbeitern am schlechtesten arbeiten[2]) und Frohnarbeiter stets schlechter als freie. Die Befriedigung dieser „höheren" Bedürfnisse ist also entschieden zu den nothwendigen Produktionskosten zu rechnen, und sie zu erreichen, dazu dient zweckmäßig ein Theil des nach Abzug der oben genannten Ausgaben verbleibenden Restes des Lohnes.

Aber auch hiermit ist die Reihe der Produktionskosten noch nicht abgeschlossen.

---

[1]) Vgl. Roscher, Grundz. b. N.-Oek. 1875. § 11.
[2]) Vgl. Roscher a. a. O. § 71. Je unselbstständiger der Sclave ist, um schlechter pflegt er zu arbeiten.

ç) Die Sicherung für Zeiten mangelnden Verdienstes.

Wenn eine dauernd gleiche Arbeitsmenge in quali und quanto zur Verfügung bleiben soll, so ist es nicht genügend, die im Besitze ihrer vollen Kraft befindlichen Arbeiter nur für diese entsprechend zu lohnen. Vielmehr ist eine dauernd gleiche Produktion der Arbeit nur denkbar, wenn im Lohne auch das voll vergütet wird, was zur Heranbildung sowohl nöthig ist, als auch, was erforderlich ist, um das nicht mehr arbeitskräftige Alter in seinem Unterhalte zu sichern; m. a. W. es muß das ganze Leben des Arbeiters von der Wiege bis zum Grabe durch das Verdienst in der Zeit der Kraft so erhalten werden können, daß dasselbe allezeit menschenwürdig sei, nicht blos eine Last, die dann nur allzuoft von ihrem, des sittlichen Bewußtseins baarem Träger freiwillig abgeworfen wird.

Gerade die letzten Jahre, welche in ihrer socialen Entwicklung die Gegensätze zwischen Kapital und Arbeit mehr und mehr geschärft haben, haben zahlreiche Erscheinungen aufzuweisen, welche ein Bindemittel darstellen sollen, den Riß zu schließen. Hier ist in erster Linie die Wohlthätigkeit anzuführen, welche bekanntlich solche Dimensionen angenommen hat, daß alljährlich mehrere Millionen flüssig werden zur Linderung bezw. Hebung der traurigen Lage des Arbeiterstandes. Es ist dies ein Zug, der zweifellos unser Zeitalter, das so gern als alles sittlichen Schwunges baar, nur materiellen Zielen zustrebend geschildert wird, für alle Zeiten ehren wird.

Man denke nur an die unzähligen Vereine, welche ausschließlich diesem edlen Zwecke dienen, an die Bescheerungen, die an jedem Weihnachtsfeste viele tausende Bedürftige vor Hunger und Blöße, vor körperlichem und geistigen Leid behüten wollen, an die unbegrenzte Bethätigung christlicher, im Verborgenen wirksamer Liebe, an die hochherzigen Stiftungen, welche den besitzlosen Ständen ein Kapital schufen, damit mit dessen Hilfe diese ihre kleinen Ersparnisse wirksam anlegen könnten. Wie sie heißen mögen, all' diese Regungen und Bethätigungen edlen Denkens, sie alle sind ja bekannt, und der durch sie verbreitete Segen trägt allen sichtbare Früchte.

Aber wie alle menschlichen Institutionen haben auch sie eine Schwäche, die nur zu oft den beabsichtigten Segen in thatsächlichen Fluch verwandelt. Selbst das eifrigste Bestreben, die Wohlthaten solchen zu Theil werden zu lassen, welche dessen würdig sind, reicht nicht aus, sich vor schweren Täuschungen zu sichern. Faule, verkommene Subjekte machen sich das bald zu Nutze, um durch Heuchelei mühelos zu dem zu gelangen, was selbst zu verdienen sie nicht sowohl Unvermögen, als vielmehr krasseste Trägheit und Genußsucht verhindert. Aber auch ehrliche, indessen charakterschwache Naturen kommen bei Betrachtung jener Wohlthätigkeit in eine Versuchung, der sie leicht erliegen. Was hilft ihr Arbeiten und Mühen, bei aufreibendster Anstrengung können sie nicht soviel erwerben als andere mühelos durch barmherzige Hände erhalten. Wozu also sich anstrengen, vorwärts zu kommen! Wenn es nicht mehr geschieht, die Wohlthätigkeit sorgt schon, daß das Elend nicht zu groß wird. Gar manchem wird auf diese Weise das segenspendende Wirken zu einem Danaergeschenk, und man braucht nicht eben lange zu suchen, um derartige Fälle zu finden.

So segensreich und fruchtbar daher auch die reiche Wohlthätigkeit unserer Generation zweifellos ist, eine Hebung des Elendes im Ganzen ist nicht von ihr zu erwarten, sie kann nur schon vorhandene Uebel lindern, die Quelle derselben zu verstopfen vermag sie nicht, diese liegt viel tiefer.

Das haben ja auch alle erkannt, die sich eingehend mit dem Elende des vierten Standes beschäftigten. Nicht nur die Socialisten machten diese Verhältnisse zum Ausgangspunkte ihrer Bestrebungen, sondern auch bei den berufsmäßigen Vertretern der Volkswirthschaftslehre hat sich eine Richtung entwickelt, welche mit besonderer Betonung des sittlichen Princips im Arbeiter dessen gedrückter Lage abzuhelfen bemüht ist. Von den auf diesem Gebiete thätigen Männern hat Professor L. Brentano die Arbeiterfrage mit besonderer Gründlichkeit behandelt. Ihm folgend präcisire ich die hier geltenden Gesichtspunkte folgendermaßen: Brentano sagt[1]): „die Forderungen der jetzigen Wirthschaftsordnung bezüglich des Verkaufes der Arbeit sind:

1. Daß der den Arbeitern gezahlte Lohn soviel betrage, als nöthig ist, um sie nicht nur an den Tagen, an denen sie arbeiten, sondern auch an den Tagen der Arbeitsunfähigkeit zu erhalten.

2. Daß die Erhaltung der Arbeiter an den Tagen der Arbeitsunfähigkeit möglichst geringen Aufwand erheische.

3. daß der Arbeiter, damit die Selbstkosten der Arbeit aus dem Preise gedeckt werden, eine sechsfache Versicherung eingehe:

a) Versicherung der Erziehungsgelder seiner Kinder für den Fall des eigenen Todes.
b) Eine Altersversicherung.
c) Eine Begräbnißversicherung.
d) Eine Invaliditätsversicherung.
e) Eine Krankenversicherung.
f) Eine Versicherung für den Fall von Arbeitsunfähigkeit infolge mangelnder Nachfrage nach[2]) Arbeit.

4. daß die wirthschaftliche Grundlage des Lebens der Arbeiterbevölkerung durch eine Versicherung der Arbeit in der Art sicher gestellt werde, daß die Arbeiter auch während Krankheit bezw. Arbeitslosigkeit aus der Unterstützung, die sie während deren Dauer empfangen, die nöthigen Prämienzahlungen zur Versicherung für den Fall des Eintrittes der übrigen Gefahren, von denen ihr Leben, ihr Einkommen und damit die Deckung der Selbstkosten der Arbeit aus deren Preise bedroht ist, zu leisten im Stande sind."

Specialisiren wir diesen Theil der Produktionskosten für den vorliegenden Fall, so können die genannten Gesichtspunkte ohne Weiteres für die Waldarbeiter nur da Geltung haben, wo diese während des ganzen Jahres, ja Lebens als solche Beschäftigung

---

[1]) Die Arbeiterversicherung gemäß der heutigen Wirthschaftsordnung. 1879. S. 98. ff.

[2]) Hier wird für die Forstarbeiterschaft als g) jedenfalls noch eine Versicherung des Hauses resp. auch des Hausstandes gegen Feuersgefahr hinzutreten müssen.

finden. Ueberall aber, wo dies nicht der Fall, wo der Waldarbeiter ein ländlicher Arbeiter ist, der den beschäftigungslosen Winter mit der Arbeit in den Forsten verbringt, kann von einem eigentlichen Waldarbeiter garnicht die Rede sein.

Dies giebt uns Veranlassung bei den Arbeitern zu unterscheiden solche, welche jahraus jahrein im Walde als Arbeiter thätig sind, und in solche, welche darin nur vorübergehend arbeiten.

Darin sind beide Kategorien zweifellos gleich, daß die Selbstkosten für jede von ihnen thatsächlich soviel betragen als das bisher angeführte. Darin aber unterscheiden sie sich von einander, daß erstere den Ersatz dieser Selbstkosten ausschließlich aus dem Walde und zwar, wenn der Besitzer der Staat ist, aus dem Staatswalde beziehen müssen, letztere nothwendig garnicht oder nur zum Theil. Deshalb wird sich auch nach dieser Unterscheidung die Sicherung für Zeiten mangelnden Verdienstes verschieden gestalten, und wird die erstere beider Kategorien zuförderst in Betracht zu kommen haben.

In keinem Falle ist es schwierig, den Lohn so hoch zu bemessen, daß die „laufenden" Ausgaben des Arbeiters (wie man die sub $\alpha - \gamma$ wohl nennen kann) gedeckt werden. Es blieb sogar nach den dem Bestehenden entnommenen Lohnsätzen ein noch disponibler Ueberschuß von 10 pCt. durchschnittlich, von denen nur ein Theil, und jedenfalls nur ein kleiner Theil, auf Befriedigung der sub ε angedeuteten höheren Bedürfnisse entfallen wird. Der verbleibende Betrag würde nach dem Vorhergehenden auf die Sicherung für Zeiten mangelnden Verdienstes zu verwenden sein. Dies aber ist ohne Weiteres nicht denkbar. Denn der Arbeiter müßte dann gewissenhaft diesen Ueberschuß unverbraucht lassen, müßte sparen resp. zinsbar anlegen. Es ist dies aber von dem von der Hand in den Mund lebenden Arbeiter ohne Anregung und Anleitung nicht zu erwarten. Selbst aber angenommen, dies wäre zu erreichen, so würde der gesparte Betrag in vielen Fällen z. B. bei einer Verunglückung des Arbeiters in jungen Jahren, noch bei Weitem nicht ausreichen, um alle oben detailirten, eventuell eintretenden Ausgaben zu decken.

Eine Erhöhung des Lohnes Seitens des Staates hat nun auch, aus den im ersten Theile der Abhandlung angegebenen Gründen eine entschiedene Grenze, vom Staate also kann gleichfalls ein bedingungsloses Ergänzen der eventuell nöthigen Summen keinesfalls zugesichert werden. Deshalb ist ein anderer Modus zu suchen, und die Praxis giebt ihn in den Versicherungen auf Gegenseitigkeit. Wir werden unten sehen, wie dadurch der Lohnüberschuß wirklich ausreichend gemacht werden kann.

C. Vereinigung der beiderseitigen Faktoren.

Bei all den vorhergehenden Erörterungen habe ich die Berechnung der auf Befriedigung der Einzelbedürfnisse fallenden Antheile am Gesammtlohne nach gegebenen Lohnsätzen angestellt, ohne die Zeit zu berücksichtigen, in der diese Lohnsätze giltig waren. So sehr ich mir bewußt bin, welche enorme Verschiebungen gerade in den letzten Jahrzehnten die Lohnverhältnisse durch politische wie durch sociale Umwälzungen erlitten haben, glaubte ich doch, zur Normirung der Einzelsätze die Lohnsätze jeder beliebigen Zeit verwenden zu dürfen. Denn ich bin der Meinung, daß mit dem Sinken des Geldwerthes[1]) die Bedürfnisse aller, also auch der Waldarbeiter stiegen, daß darum die Vertheilung des Einkommens auf die einzelnen Kategorien der Bedürfnisse durchschnittlich dieselbe blieb, also auch trotz höheren Lohnes der Ueberschuß über die nothwendigen Ausgaben nicht höher wurde.

Speciell für die Waldarbeiterschaft zeigte sich sogar, wie aus den S. 39 f. angeführten statistischen Daten hervorgeht, daß die Preise der Lebens- und Unterhaltsmittel viel höher stiegen als die Hauerlöhne, daß also die Arbeiter genöthigt waren, ihre Bedürfnisse mehr und mehr einzuschränken[2]), d. h. ihre Waare „Arbeit" unter

---

[1]) Nach Fribolin, Monatsschr. f. Forst- und Jagdw. 1874. S. 267 stieg z. B. der Lohn durchschnittlich um 56 pCt., dagegen der Preis der Brotfrüchte um 65, des Fleisches um 167, des Bieres um 94, des Holzes um 50 pCt. in dem Zeitraum von 1847—72.

[2]) von Berg führt in seinem 1850 erschienenen Werke, die Staatsforstwirthschaftslehre S. 425 an, nach Ermittlung des Landesökonomie-Collegiums

den Herstellungskosten abzusetzen. Dies war dann stets die Wirkung der Konkurrenz, nämlich großen Angebotes und geringer Nachfrage. Der Arbeiter muß eben bald losschlagen, weil er seine Arbeit nicht beliebig aufspeichern kann; er wird sich dann also zeitweise Einschränkungen gefallen lassen müssen, wenn diese auch dauernd nicht möglich sind.

Eine Einschränkung nun wird, wie schon oben angeführt, zu allerletzt erst bei den Nahrungsmitteln vorgenommen werden. Würde sie bis zu diesen sich ausdehnen müssen, so bedeutete dies eine entschiedene Katastrophe, indem durch Entkräftung, rapide Krankheit, verminderte Zeugung, wachsende Auswanderung sehr rasch der Arbeiterstand so decimirt würde, bis die Löhne wieder zur vollen Deckung des Nahrungsbedarfes ausreichen.

Solche Fälle sind jedoch in größerem Maßstabe gegenwärtig nicht wahrscheinlich angesichts der eminenten Verkehrsbahnen, welche sowohl die Arbeits=, wie auch die Nahrungsmittelzufuhr fast über die ganze Erde hin regeln, allerdings aber lokal nicht unmöglich, wie noch in letzter Zeit in Oberschlesien, dem Spessart u. a. m. — Immerhin können wir aber annehmen, daß alle diejenigen Lohn= sätze, welche hier als Grundlage benutzt wurden, unbedingt aus= reichten, um den Nahrungsbedarf mindestens voll zu decken.

Eine Einschränkung bei relativem Zurückgehen des Lohnes wird also zuerst die über das unbedingt nothwendige Maß gehenden Bedürfnisse treffen, also die des Genusses und Prunkes. Von einer Prämie für die Opfer an Bequemlichkeit und körperlicher Sicher= heit, sowie für Ersatz der für die technische Ausbildung erforder= lichen Aufwendungen wird dann keinesfalls mehr die Rede sein

---

habe sich der auskömmliche Unterhaltsbedarf einer ländlichen Arbeiterfamilie von 5 Personen für das Jahr belaufen: im Reg.=Bez. Königsberg auf 113, im Reg.=Bez. Gumbinnen auf 71 Thaler, also für das jetzige Ostpreußen im Durchschnitt auf 92 Thaler. Und nach v. d. Goltz (ländliche Arbeiterfrage S. 384) von 1874 belief sich derselbe Bedarf auf 275 Thaler 13 Sgr., also um 300 pCt. mehr. Der Lohn stieg dagegen für die Waldarbeiter im Reg.= Bez. Gumbinnen in derselben Zeit von 0,70 bis 1,30 Mark, also nur um 186 pCt.

können. Daß derartige Zustände aber immer ein volkswirthschaftlicher Nachtheil sind, geht daraus hervor, daß die steigende Kultur nur Kultur ist, wenn sie neben der Steigerung der Bedürfnisse auch die Mittel steigert zu deren Befriedigung[1]).

Danach würden wir in der wirthschaftlichen Stellung des Arbeiters einen Rückgang konstatiren müssen. Und in der That wird dieser Rückgang bestätigt durch die berechtigte Unzufriedenheit der arbeitenden Klasse.

Indessen haben speciell die Waldarbeiter einschließlich der vorzugsweise als Waldarbeiter beschäftigten Leute trotz des angeführten Mißverhältnisses zwischen ihrem Lohne und den Lebensmittelpreisen viel weniger deshalb darunter gelitten, weil sie allerwärts noch zum Theil in Naturalien ausgelohnt wurden. Sie erhielten also die zum Leben nöthigen Dinge in bestimmter Menge direkt als Lohn, gleichgiltig, was deren Anschaffung bezw. Erzeugung dem Arbeitgeber gekostet hatten. So vor allen Dingen in den angeführten Lohnsätzen aus den österreichischen Hochgebirgsforsten. Hier stieg also faktisch der Lohn wegen der Naturallöhnung ganz gleichmäßig mit den Preisen der Befriedigungsmittel, das Verhältniß beider blieb relativ stabil und so konnte es als Grundlage zur angestellten Berechnung geeignet angesehen werden.

Um jedoch sicher zu gehen, daß die Benutzung von Lohnsätzen aus verschiedenen Zeiten und Verhältnissen uns noch für heute brauchbare Daten liefert, zugleich um eine Probe der auf diese Lohnsätze basirten Berechnung zu haben, wird eine Anwendung auf jetzige Verhältnisse nicht überflüssig sein. Dazu möge der Anhang B. dienen.

Zu welchen Folgerungen berechtigt uns das bisher erörterte?

Wir nahmen an, daß sämmtliche bisherigen Lohnsätze durchaus ausreichend waren, wenigstens das Nahrungsbedürfniß des Waldarbeiters zu decken. Als Durchschnitt der zu Grunde gelegten Sätze konnte der Geldbedarf zu dieser Deckung im Mittel auf

---

[1]) „Das Bedürfniß ist der Anfang, seine Befriedigung das Ziel der Wirthschaft." Hermann, Staatsw. Unters. 1870. S. 78.

55 pCt. des Gesammtlohnes angenommen werden. Wir sahen ferner, daß beim Steigen der Lebensbedürfnisse mit fortschreitender Kultur das Nahrungsbedürfniß anfangs dann zuerst wachsen wird, wenn es dem Minimum des unbedingt Nothwendigen am nächsten war, daß es jedoch eine steigende Tendenz bald in viel geringerem Maße aufweisen wird, als die anderen Bedürfnisse. Sobald nämlich die Nahrungszufuhr eine voll ausreichende für den Körper ist, tritt als Steigerungsmoment keineswegs ein beliebig erhöhbares Nahrungsbedürfniß auf, sondern das Moment des Genusses tritt mehr und mehr in den Vordergrund. Der Lohn wird demgemäß nothwendig stets so hoch sein müssen, daß das Nahrungsbedürfniß befriedigt werden kann, richtet sich nothwendig also nur nach der Höhe der Lebensmittelpreise. Es können danach diese einen Maßstab liefern, wonach die Lohnhöhe sich bemessen läßt.

Sämmtliche andere Lebensbedürfnisse schwanken dagegen viel mehr. Sie erfahren beim Sinken des Lohnes zuerst eine Beschränkung, beim Steigen desselben haben sie die Neigung, viel mehr zu wachsen. Auch für sie also war die Befriedigung des Nahrungsbedürfnisses die Basis, von der aus sie erst in Frage kamen. Alle aber waren, wie wir weiter sahen, in ausreichendem Maße dann zu befriedigen, wenn die Summe ihrer Befriedigungsmittel zu denen das Nahrungsbedarfes in einem Verhältniß wie 45 : 55 stand, oder wenn ihre Summe gleich war oder kleiner als 0,82 N d. i. der für Beschaffung des Nahrungsbedarfes verausgabten Summe. Wir haben damit einen Prüfstein gefunden, nach welchem bemessen werden kann, ob ein wirklich gezahlter Lohn für den Arbeiter wirklich entsprechend ist, sowie, wie hoch ein auskömmlicher, berechtigter Lohn als Rekompens der Produktionskosten der Arbeit sein muß. Es gehört zur Fixirung dieser Lohnhöhe weiter nichts, als die Kenntniß der jedesmaligen Nahrungsmittelpreise. Uebersteigen die Preise der für den Arbeiter nothwendigen Nahrungsmittel die Höhe von 55 pCt. des Gesammtlohnes nicht, so erscheint der Lohn hinreichend, im anderen Falle ist er zu niedrig und veranlaßt bei nur geringer Dauer stets eine wirthschaftliche Schädigung, indem die Arbeit nicht in gleicher

Güte mehr producirt werden kann, die Arbeiterschaft also leidet, der Arbeitgeber aber gleichfalls Nachtheil erfährt, indem die von ihm gekaufte Waare „Arbeit" geringwerthiger ist, das Arbeitsprodukt in seinem Preise also nothwendig auch sinken muß.

Hierin ist nun meines Erachtens der Weg vorgezeichnet, auf welchem eine Einigung der beiderseitigen Forderungen des Arbeitgebers und des Arbeiters möglich ist.

Der Arbeitgeber hatte, wie erwähnt, als äußerste Grenze, bis zu welcher er seine Forderung herabmindern konnte, den Erlös aus seinem Unternehmen anzusehen. Dieser Erlös bestand bei dem Forstwirthschaft treibenden Staat in erster Linie in dem Preise der Forstprodukte und demnächst in dem durch den Staatsforstbetrieb am besten bewirkten Einfluß der Wälder auf Land und Leute. In ersterem Punkte war der Staat einem Privatunternehmer gleich zu achten, der möglichst hohe Preise der Forstprodukte, in erster Linie des Holzes, zu erzielen bestrebt sein muß, soweit dies bei einem staatlichen Unternehmen überhaupt möglich ist. In zweiter Hinsicht konnte der Erlös aus den Forstprodukten zunächst garnicht maßgebend sein. Denn sobald Schutzwaldungen zu erhalten sind, hört das privatwirthschaftliche Princip zunächst ganz auf, die allein volkswirthschaftliche Bedeutung derselben läßt eine Wirthschaft selbst da noch vortheilhaft erscheinen, wo direkt weder der Boden eine Rente, noch das Kapital einen Zins, noch das Unternehmen einen Gewinn abwirft. Allein je mehr im Laufe der Zeiten der Staat in den Besitz der Schutzwaldungen in deren weiterer Bedeutung tritt, um so mehr wird er neben der Hauptrücksicht auf das Volkswohl so zu wirthschaften bestrebt sein müssen, daß er wenn nicht mit direktem Gewinn, so doch mit möglichst geringem Aufwand seiner Verpflichtung das Volkswohl zu fördern nachkommt. Thatsächlich wird sich dies vielfach sehr leicht erreichen lassen. Denn nach unserer Fassung der Schutzwaldungen[1]) befinden sich unter denselben jedenfalls eine ganze Anzahl solcher, welche auf so gutem Boden stocken, daß selbst die

---

[1]) Vgl. S. 6.

Landwirthschaft privatwirthschaftlich sich lohnen, um so mehr der Wald eine Rente abwerfen kann. In allen solchen Fällen wird zur Bestimmung der Lohnfaktoren die privatwirthschaftliche Rücksicht Platz greifen können und müssen.

Jenachdem nun im Staatsforstbetriebe dieses oder jenes Moment in den Vordergrund gestellt wird, muß sich die Höhe des möglichen Lohnes richten, und wird da unbegrenzt sein, wo das privatwirthschaftliche Moment verschwindet. Dies ist lokal leicht der Fall, indeß im Ganzen des Staatsforstbetriebes bisher in keinem Staate, obwohl es an Stimmen nicht gefehlt hat und fehlt[1]), welche dem Staat nur die ausschließlichen Schutzwaldungen noch überlassen wissen wollen.

So lange dies Ziel aber nicht erreicht ist, wird eine Maximalgrenze für die Lohnhöhe Seitens des Forstfiskus stets existiren. Allein sie wird unter allen Umständen infolge des thatsächlichen Zusammenwirkens des privat- und des volkswirthschaftlichen Momentes im Ganzen des Betriebes unbedingt höher gerückt sein, als bei jedem Privatunternehmer. Der Staat kann also in seinem Forsthaushalt noch über die durch den privatwirthschaftlichen Ertrag normirte Maximalgrenze des Arbeitslohnes hinausgehen und ist besonders dazu befähigt dann, wenn dem Arbeiter Seitens der Privatunternehmer nicht mehr voller Ersatz der Produktionskosten der Arbeit geboten werden könnte.

Damit scheint die Lösung der ganzen Frage bereits gegeben zu sein, denn es ist ja nun nichts einfacher, als daß der Forstfiskus dem Waldarbeiter soviel an Lohn zahlt, daß derselbe einen Betrag von 1,82 N erreicht. Allein die Sache gestaltet sich bei näherer Betrachtung doch komplicirter.

Die Forstwirthschaft unterscheidet sich von allen anderen Gewerben dadurch, daß zwischen Aussaat und Ernte ein sehr großer Zeitraum liegt. Abgesehen von den Wirthschaftern im Nieder-

---

[1]) Vgl. Leo, Zur Arbeiterfrage in der Landwirthschaft. Oppeln. 1879. S. 16 und 17. — Vgl. auch Verhandlung des Preuß. Abgeordn. Hauses vom 24. Nov. 1880. Antrag v. Meyer-Arnswalde.

walde und im Mittelwalde mit niederem Unterholzumtrieb erlebt kein Forstwirth die Ernte der von ihm ausgeführten Kulturen. Während der ganzen Zwischenzeit erfordert die Pflege des Waldes nur sehr wenig Arbeit, während allein Aussaat und Ernte bedeutenderen Arbeitsaufwand bedingen. Mehrere, häufigstens alle fünf Jahre von dem 20.—30. Bestandsalter an vorzunehmenden Durchforstungen, oder im Samenschlagbetrieb zwei bis drei Hiebe im Laufe von etwa 100 Jahren, und ähnliches noch, das ist so ziemlich alles, was während der Zeit von der Bestandsbegründung bis zum Abtriebe des Bestandes an Arbeit erfordert wird.

Diese im Verhältniß zu allen anderen Bodenbewirthschaftungsarten selbst bei relativer Intensität absolut extensive Wirthschaft gestattet danach offenbar nur dann eine jährlich wiederkehrende Beschäftigung von Arbeitskräften, wenn annähernd so viel verschiedenaltrige Bestände in einem Betriebe vereinigt sind, als der Umtrieb Jahre hat.

Nun sind zwar die fiskalischen Forsten so eingerichtet, daß ein wissenschaftlich gebildeter Verwaltungsbeamter eine ihn dauernd in Anspruch nehmende Thätigkeit findet; soweit dieselben planmäßig eingerichtet sind, finden sich sogar in der Regel Wirthschaftsganze (Betriebsklasse, Block) mit selbständiger jährlicher Wirthschaft. Allein für die dauernde jährliche Beschäftigung von Arbeitern derselben Gegend ist selbst dies nicht ausreichend. Denn sobald die Einzelbestände eines Betriebsverbandes weit auseinander liegen, oder wo wenig altes haubares Holz vorhanden ist, wie dies besonders bei Einbezug aller als Schutzwaldungen zu behandelnden kleineren Komplexe leicht der Fall sein kann, ist es für die in der Nähe des einen Reviertheiles ansässigen Arbeiter oft viel zu weit, in dem anderen in Arbeit zu treten.

Aber selbst bei dem jährlichen Betriebe bedingt die Eigenartigkeit der Forstwirthschaft, daß die erforderlichen Arbeiten nicht gleichmäßig auf das ganze Jahr vertheilt sind, sondern im Wesentlichen sich auf wenige Monate desselben beschränken.

Hier kommt vor allem die Ernte, der Fällungsbetrieb in Betracht. In den Revieren des Flachlandes und des Hügellandes beschränkt sich dieser auf den sogenannten Wadel, den Zeitraum von November bis März. Die Kulturarbeiten daselbst sind in der Regel bis Mitte Mai vollendet. Im Hochgebirge allein, besonders in den Alpen, ist ein Betrieb während des ganzen Jahres möglich und deshalb auch die Verwendung stabiler Arbeitskräfte, weil dort zu dem im Sommer vorzunehmenden Fällungen die Bringungen im Winter (soweit sie auf der Schneebahn bewerkstelligt werden,) hinzukommen.

Aus alledem geht hervor, daß eine gleiche Verwendung von Arbeitern durch das ganze Jahr in den meisten Fällen nicht möglich ist, sondern daß der Forstwirth seine Arbeiter nur während eines kleineren oder größeren Theils des Jahres hinreichend zu beschäftigen vermag. Während der übrigen Zeit müssen dieselben anderweiten Verdienst suchen. Sie finden denselben meist in der Landwirthschaft, indem sie diese entweder selbst betreiben, oder indem sie sich bei Grundbesitzern verdingen[1]). Da, wo ähnliche nur in der guten Jahreszeit betreibbare Gewerbe offen stehen, wie z. B. die Flößerei (wie in den östlichen Provinzen Preußens), geben auch diese den Arbeitern Beschäftigung und theilweise reichen Verdienst. Ein Theil der Arbeiter aber wendet sich den Städten zu, findet dort ein theilweise nur kümmerliches Brot, dann aber, wenn sie zu auskömmlichem oder gar gegen ihre früheren Verhältnisse reichlichem Verdienste gelangen, bleiben sie leicht auch für den Winter in der Stadt, gewöhnen sich mehr in die neuen Verhältnisse ein und verlieren so die Liebe an der alten Heimat, an der ländlichen Beschäftigung und Lebensweise. Eine Besserung ihrer Lebenshaltung bringt dies jedoch in nur sehr seltenen Fällen mit sich. Der größere Theil der zugewanderten Arbeiter in den Städten vermehrt, wenn bei gesteigertem Arbeitsangebot der Lohn sinkt, das Proletariat, sinkt physisch und moralisch und vollzieht so an sich das grausame Gesetz, nach welchem der Lohn im mo-

---

[1]) So geht fast die ganze arbeitskräftige Jugend aus dem Gebiete der Netze in der Neumark im Sommer nach Holstein zu den Erntearbeiten, die Eichsfelder ziehen in's Magdeburgsche, die Pfälzer nach Baiern und dergl.

dernen Industriestaat sich regelt auf Kosten des schwächeren Theiles der Arbeiter.

Diese Zustände sind besonders zu Tage getreten, als während der sogenannten Gründerzeit zu Anfang der siebenziger Jahre der Strom der ländlichen Arbeiterbevölkerung angelockt vom Klange des Goldes in die Städte wanderte. Die Litteratur jener Jahre, besondes die Zeitschriften der Land= und Forstwirthschaft, bringen darüber zahllose Klagen und Rathschläge zur Abhilfe, und in den Versammlungen und Vereinen ward die Arbeiternoth ein ständiges Thema[1]).

Die Folgen blieben beiderseits nicht aus. Nach dem plötzlichen Zusammenbruch jener Truggebilde kam das namenlose Elend nicht nur über die Betrüger und die Leichtgläubigen, welche ihre Ersparnisse dem großen Rausche geopfert hatten, sondern auch die Arbeiterschaaren sahen sich fast mit einem Schlage arbeits= und brotlos. Viele fanden noch den Weg aufs Land zurück, ein sehr großer Theil aber verkam oder suchte in Amerika nach besserem Glück. In beiden letztgenannten Fällen aber verlor die Land= und Forstwirthschaft einen großen Procentsatz der Arbeitskraft einer Generation.

Aber auch die Erörterungen der Land= und Forstwirthe blieben nicht ohne Folgen. Wo so viele hervorragende Praktiker und Theoretiker eingehend mit dem tiefgehenden Uebel und seiner Hebung sich beschäftigten, konnten erfolgreiche Vorschläge und Besserungsmittel nicht fehlen. Dieselben erlaube ich mir, in der Folge zu Grundlagen für meine Ausführungen zu wählen.

Eine durch das ganze Jahr andauernde Beschäftigung der Arbeiter ist, so sahen wir, in der Forstwirthschaft der Regel nach nicht möglich. Obwohl die Umstände, welche eine solche Beschäf=

---

[1]) So in der Vorversammlung zur Hebung des Arbeiterstandes in Berlin und der Hauptversamml. von Arbeitgebern und Arbeitfreunden in Bonn am 15. Juni 1870. — Verhandlungen des Badischen Forstvereins in Schopfheim 22. IX. 73, des Sächsischen Forstvereins zu Leipzig vom 2. bis 4. Juli 1874, des mecklenburgischen Forstvereins zu Bützow 1875, der X. Versammlung deutscher Land=und Forstwirthe zu Breslau u. a. m.

tigung ermöglichen, im Verhältniß zum Ganzen nur selten sind, demnach als Ausnahme betrachtet werden müssen, halte ich sie gleichwohl für geeignet, auch zur Regelung des Ganzen werthvolle Gesichtspunkte abzugeben. Sie mögen deshalb als Ausgangspunkt hier vorweg ihre Erörterung finden.

In den Gebirgsgegenden Deutschlands und Oesterreichs ist der Forstbetrieb infolge des daselbst bereits zeitig entwickelten Bergbaues[1]) allenthalben schon ziemlich alt. Einerseits[2]) die große Abgelegenheit der Forste von bewohnten Ortschaften, anderseits das Vorbild der Montanarbeiter, drittens endlich die durch die lokale Erschwerung der Arbeiten und die vielfach sehr schwierige Bringung gegebene Nothwendigkeit, technisch geübte Arbeiter zu haben[3]), schufen jene Einrichtungen stabiler resp. versorgungsberechtigter Arbeiterschaften, welche zum großen Theile noch heute bestehen. So finden sich solche Arbeiterschaften im Harz, im Schwarzwald, Theilen der baierischen Alpen, Salzkammergut, Krain ꝛc. Ferner sind auch in den Ausläufern des sächsischen Erzgebirges noch Reste vorhanden, im Bezirke Grillenburg bei Freiberg, offenbar also auch hervorgegangen aus dem Montanbetrieb der dortigen Gegend.

---

[1]) In der Forst- und Domainen-Direktion zu Gmunden im Salzkammergut befindet sich ein für die dortigen Forste durchgeführtes Abschätzungswerk aus dem 16. Jahrhundert.

[2]) Vgl. Wessely, die Einrichtung des Forstdienstes in Oesterreich. Wien 1861. II. S. 116.

[3]) Wessely sagt dazu a. a. O. S. 115: „Da, wo in den Landforsten das Gewerbe in der Regel aufhört, d. i. bei der Aufarbeitung des Holzes am Stock, fängt es hier erst an, die Bringung und selbst die Umformung der Hölzer erfordert hier kostbare Apparate und einen Umfang von Kenntnissen und Geschicklichkeit, welcher in den Landforsten nahezu unbekannt ist. — Das forstliche Waarengewerbe, welches in den Landforsten ein sehr einfaches Geschäft bleibt, wird in den Hochgebirgen zu einer Kunst, welche nur von besonders ausgebildeten Leuten betrieben werden kann, die sich ganz diesem Berufe widmen, eine Kunst, die von wahren Meistern im Gewerbe geleitet werden muß. Die erforderliche Gewerbsgeschicklichkeit kann nur bei ständig organisirten Arbeiterschaften geschaffen und von der alternden Generation auf die nachrückende verpflanzt werden."

Die neuere Zeit war jedoch diesen Institutionen nicht günstig. Eine unbedingte Nothwendigkeit, sich Arbeitskräfte durch die Zusicherung lebenslänglicher Versorgung zu erhalten, schwand mehr und mehr, je mehr auch die Gebirgsgegenden besonders durch den außerordentlichen Aufschwung des Bergbaues dem Verkehre eröffnet wurden. Mit dieser Eröffnung kam auch mehr und mehr Beweglichkeit in die Arbeitermassen, es bildete sich allmählich auch hier ein Arbeitsmarkt, wo schließlich jeder Arbeitgeber im freien Kampfe der Konkurrenz je nach dem Werthe, den die Arbeit gerade für ihn hatte, durch entsprechend hohen Lohn die Arbeit erkaufen konnte, ohne daß er sich zu weiteren Leistungen zu verpflichten brauchte. So gingen die stabilen Arbeiterschaften nach und nach zurück[1]; es wurde die immerhin mit vielerlei Mühwaltungen verknüpfte Organisation und Verwaltung derselben zunächst insofern vereinfacht, als an Stelle der vorwiegenden Naturallöhnung in den meisten Fällen die vorwiegende Geldlöhnung trat, demnächst wurde die Kopfzahl der Mitglieder vermindert, und als gleichwohl die Verwaltungen sahen, daß sie auf dem Arbeitsmarkt in viel einfacherer Weise ihren Bedarf zu decken vermochten, wurden die Arbeiterschaften schließlich auf den Aussterbe-Etat[2] gesetzt und gehen nun mit wenigen Ausnahmen ihrem Ende rasch entgegen.

Es hat danach den Anschein, als wären die stabilen Arbeiterschaften überhaupt nicht mehr lebensfähig, jedenfalls aber nicht mehr nöthig. Dies aber scheint mir doch des Beweises noch zu bedürfen. Die letztvergangenen Jahre haben gezeigt, daß sogar (man könnte selbst sagen: daß gerade) die dem allgemeinen ländlichen Arbeitsmarkte angehörigen Forstreviere durch den Zug der Arbeiter in die Centren der Industrie die Konkurrenz nicht aushalten konnten, sich mit untüchtigem, hergelaufenem Gesindel begnügen mußten und dadurch theilweise empfindliche Schädigung erfuhren. Es ist also auch bei dem immer wachsenden Verkehr

---

[1] Nach einem Berichte in der Allg. Oesterreich. Monatsschrift von 1871 waren im Salzkammergut von stabilen Arbeiterschaften noch 837 Mann und zwar 58 Rottmeister, 765 wirkliche und 14 Hilfsarbeiter, dazu 4 Hutleute.

[2] Im Salzkammergut seit 1873.

in den Gebirgsgegenden keineswegs die Möglichkeit als stets vorhanden anzunehmen, daß hier die Forstverwaltungen geeignete Arbeiter auf dem Wege der Konkurrenz erhalten können. Ja gerade weil im Gebirge der Feldbau größtentheils fehlt, wird ein blos während eines Theils des Jahres beschäftigter Arbeiter um so eher genöthigt sein, die Verkehrserleichterungen zu benutzen, um die Gegend zu verlassen. Und eben deshalb erscheint nicht sowohl die Auflösung der stabilen Arbeiterschaften als zweifellos zweckmäßig, sonder offenbar viel eher eine zeitgemäße Reorganisation.

Eine Bestätigung, daß eine solche wohl möglich ist, liefern die Arbeiterschaften in den Gräflich Wernigerodeschen Forsten[1], welche allseitig als äußerst lebensfähig und förderlich anerkannt sind. Die Zweckmäßigkeit derartiger Einrichtungen wird außerdem noch gegenwärtig von Männern wie Wessely warm anerkannt, der noch 1861 schrieb: „Das Waarengewerbe der Hochgebirgsforsten ist nur dort zu einer hohen Ausbildung gelangt, wo schon seit Generationen die Arbeiter als Körperschaft bestehen. Wo derlei Arbeiterschaften aufgelöst wurden, — und leider geschah das hie und da — ist mit ihnen auch die Kunst aus dem Gewerbe gewichen; wo sie nie bestanden haben, liegen die Gewerbe in der Kindheit darnieder."

Das durch alle mir bekannten Organisationen stabiler Arbeiterschaften gehende leitende Princip ist eine Verpflichtung des Arbeitgebers, die ganzen Produktionskosten der Arbeit, also einschließlich der Sicherung für alle Unfälle voll zu decken gegen die Verpflichtung des Arbeiters, dafür seine ganze Arbeitskraft dem Arbeitgeber zur Verfügung zu stellen. In Einzelheiten finden sich dann Abweichungen.

Die in den k. k. Salzkammergutforsten[2] bestehenden diesbezüglichen Bestimmungen sind kurz folgende:

---

[1] Vgl. Müller, Die Verhältnisse der Arbeiter in der Gräflich Wernigerodischen Verwaltung. Braunschweig. Viehweg & S. 1875. Ferner Besprechung dieser Schrift von R. Lampe: Zur Waldarbeiterfrage, Allg. Forst- und Jagdzeitung 1875. S. 113.

[2] Nach Wessely, Die Einrichtung des Forstdienstes in Oesterreich. Wien 1861. I. S. 487 ff. und nach eigener Erfahrung.

„Die große Abgelegenheit der Montan- und Salinenforsten, sowie die erforderlichen gewaltigen Arbeitskräfte bedingten es, die nöthigen Mannschaften nach Art der Dienstmannen zu versorgen. Es mußten ihnen Wohnungen gebaut, die nöthigen Lebensmittel geliefert, für Beschaffung ärztlicher Hilfe, für Schule, Kirche, für einen entsprechenden kleinen Grundbesitz, Weide, Streu, Holz Sorge getragen werden, und schließlich mußten die arbeitsunfähig gewordenen und ihre Witwen und Waisen Versorgung finden. Diese Anforderungen erheischten eine feste Organisation, nicht aber wie andere Erwerbsgenossenschaften konnten die Forstarbeiter diese aus sich selbst entwickeln, sondern der Fiskus mußte seinerseits die Initiative ergreifen." Wessely bemerkt hierzu treffend (S. 489), daß nur der große Forstbesitz dazu im Stande sei, weil er allein die Garantie übernehmen könne, eine größere Anzahl von Leuten jahraus jahrein wenigstens insoweit zu beschäftigen, daß die Waldarbeit denselben zum Hauptgewerbe wird. So sind auch neben den fiskalischen Verwaltungen die größten österreichischen Waldbesitzer mehrfach mit Errichtung stabiler Arbeiterschaften vorgegangen, welche Wessely eingehend im II. Theile seines Werkes behandelt; dieselben sind jedoch hier unberücksichtigt geblieben.

Als Grundsatz gilt bei der Organisirung, daß nur jene Arbeiterzahl ständig aufgenommen wird, welche unter allen Umständen dauernd beschäftigt werden kann. Deshalb giebt es auch hier noch zeitliche (interimale) Arbeiter neben den ständigen und versorgungsberechtigten.

Die versorgungsberechtigten Arbeiter werden ständig beschäftigt, nach ihrer Arbeitsunfähigkeit lebenslänglich unterstützt, und auch ihre Hinterbliebenen genießen Unterstützung; die ständigen werden dauernd beschäftigt, die zeitlichen blos auf Zeit zu Bedingungen aufgenommen, welche bei der Aufnahme stets besonders vereinbart werden. (Wessely II. 125.) Die Aufnahme der stabilen Arbeiter erfolgt mittelst Handschlags und Unterschrift unter die Verfassungs-Urkunde und Seitens des Aerars durch Eintragung in die Mannschaftsrolle.

Die Arbeiter müssen zufolge der Eigenartigkeit des Betriebes sich zu größeren Gruppen (Passen) vereinigen, sodaß innerhalb derselben zu dem gewöhnlichen Holzknecht die höher stehenden Arbeiter, Zimmerer, Maurer, Steinmetze, Schmiede 2c. treten. Ebenso ist eine Verschiedenheit der Altersstufen vertreten, indem außer dem rüstigen Arbeiter auch die älteren, schwächeren, sowie zur Heranbildung frischer Kräfte die heranwachsende Jugend beschäftigt werden muß.

Dies macht eine Verschiedenheit der Löhne selbstverständlich, es ergeben sich danach etwa 8 Lohnklassen und 10 Zulagestufen. Als Maßstab dient ein fest normirter Grundlohn, sowohl bei Tage= (Schicht=) Löhnung als auch bei Stücklöhnung. Je nach der Leistung erfolgen die Zulagen, und die nach den Leistungen zu bildenden Rangstufen der Arbeiter sind wiederum je nach der Größe der Paß (4—50 Mann, meist 12—15 Mann) verschieden zahlreich. Für gewöhnlich werden jedoch nur Meister und Arbeiter geschieden[1]). Beide Arten aber, das wird ausdrücklich betont, sollen als Ganzes betrachtet, alle Kosten, welche sie dem k. k. Aerar, gegenüber von gewöhnlichen Arbeitern, verursachen durch verhältnißmäßige niedere Löhnung voll vergüten. (Wess. II. 124.)

Die Löhnung erfolgte bis 1873 in Geld und Naturalien, seit diesem Zeitpunkt nur in Geld mit Ausnahme von Holzlieferung und theilweise von Gewährung freier Wohnung. Das Lohnregulativ setzt für die Meister den monatlichen Grundlohn und das Quantum des Holzbezuges fest, welch' letzteres zu einem um $^2/_3$ ermäßigten Taxpreis abgegeben wird, danach dasselbe für die

---

[1]) Wessely führt a. a. O. I. 493 und II. 128 die Abstufung viel weiter durch und unterscheidet:

Jungenschaft { Lehrlinge. / Jungarbeiter.

Arbeiterschaft { Arbeiter. / Vorarbeiter. / Musterarbeiter.

Meisterschaft { Meister. / Obermeister.

Ausgediente Arbeiter.

Arbeiter, welche das Holz zu der Hälfte der Taxe erhalten. In § 6 wird ferner bestimmt: „Zur Ausgleichung in Zeiten größerer Theuerung werden, wenn der Marktpreis des Roggens für den niederösterreichischen Metzen mindestens 4 Wochen lang den Betrag von 5 Gulden übersteigt, Theuerungszulagen nach folgenden Grundsätzen gewährt: Bei dem Preise von über 5 Gulden bis $5^1/_2$ Gulden: 10 Kreuzer Zulage für jeden Verdienstgulden oder 10 pCt.; bei dem Preise von mehr als $5^1/_2$ bis 6 Gulden 15 pCt. von mehr als 6 Gulden 20 pCt. des verdienten Grundlohnes. Dauert eine Preiserhöhung, welche die Zulage bedingt, nicht volle 4 Wochen, oder wird dieselbe innerhalb eines Zeitraumes von 4 Wochen unterbrochen, so wird keine Zulage gewährt, hat sie aber 4 Wochen lang angedauert, so ist an dem, auf den Ablauf dieser Zeit nächstfolgenden Lohntage die Zulage zu gewähren, wenn auch inzwischen der Preis wieder gesunken sein sollte.

Die Gewährung der Krankengelder normirt § 7 des Regulatives: „In Erkrankungsfällen wird der Meisterschaft der Lohn während der Dauer von höchstens 6 Monaten fortbezahlt. Bei Erkrankung von Arbeitern ist während der ersten 3 Tage kein Lohn zu gewähren, vom 4. Tage an werden (ohne Einrechnung der vorausgegangenen ersten 3 Tage) $2/_3$ des Lohnbetrages auf die Dauer von längstens 6 Monaten bezahlt. Arbeiter, welche im Dienste eine schwere Verletzung ohne eigenes Verschulden erlitten haben, erhalten vom ersten Tage des ihnen zugestoßenen Unglücksfalles an den vollen Lohn bis zu dem Zeitpunkte, wo sie nach ärztlichem Zeugniß wieder arbeitsfähig sind, jedoch auch in diesem Falle mit der Beschränkung auf die Dauer von 6 Monaten. Im Uebrigen wird die unentgeldliche ärztliche Behandlung und Medikamenten-Versorgung stattfinden, wobei die Einführung entsprechender Einrichtungen zum Zwecke der nothwendigen Kontrole vorbehalten bleibt."

Das Ausmaß der Provisionsgenüsse wird durch eine besondere Verordnung (Beilage A. vgl. S. 91) bestimmt.

Nach dem Lohnregulativ und dieser Verordnung erfolgt die Aufnahme der stabilen Arbeiter. Als solche werden nur Männer nach vollendetem 18. Lebensjahre aufgenommen und zwar aus dem Stande der nicht stabilen Arbeiter „je nach ihrer Anspruchs= fähigkeit in Hinsicht auf Verwendungszeit, volle physische Eignung, Fleiß, Geschicklichkeit und gute Moral". (§ 3 der Dienstordnung.) Der aufgenommene Arbeiter wird namentlich in das Mannschafts= buch eingetragen (§ 5 der Dienstordn.), Meister können nach einer 3 monatlichen, Arbeiter nach einer 14 tägigen Aufkündigungsfrist gegen Verzicht der zugesicherten Rechte wieder austreten. (§ 7 d. D.) Die Dienstordnung, welche jeder Arbeiter in einem gedruckten Exemplar ausgehändigt erhält, bestimmt sodann genau die Pflichten und Rechte der Meister und Arbeiter.

Die Arbeiten werden sowohl im Akkord als auch in Schicht vergeben (§ 25 d. D.), in ersterem Falle nach besonderer in be= stimmter Verhandlung bewirkter Vereinbarung, im letzteren nach dem oben erwähnten Lohnregulativ. Als Dauer der Schicht gilt für den Sommer der Zeitraum von 12 Stunden (§ 27 d. D.), von welchem jedoch 2 Stunden auf Ruhepausen abgehen, für den Winter 10 Stunden einschließlich einer 1 stündigen Pause.

Die Beschaffung der gewöhnlichen nothwendigen Arbeitsgeräth= schaften liegt den Arbeitern ob. (§ 28 d. D.) Fehler und Ueber= tretungen werden durch Verweis, Lohnabzüge oder zeitliche oder vollständige Entlassung geahndet, (§ 29 d. D.), wogegen dem Arbeiter zusteht, Anliegen oder Beschwerden in bestimmter Form anzubringen und eventuell Abhilfe zu erheischen.

Nach § 6 der Dienstordnung ist ferner jeder stabil aufge= nommene Arbeiter verpflichtet, dem sogenannten Bruderlad=Ver= bande beizutreten. Der Zweck dieser Bruderladen ist nach § 2 der speciellen Bruderlad=Statuten, aus den Erträgnissen den Ar= beitern selbst, deren Weibern und ehelichen Kindern die Kosten für Krankheit, Armuth und sonstige Unglücksfälle, ferner die Kosten für die hergebrachten gottesdienstlichen Handlungen[1] und sonstige Forderungen des Arbeiterwohles zu bestreiten.

---

[1] Diese gottesdienstlichen Handlungen erstrecken sich wohl nur auf die An= dachtsübungen der Bergleute vor Beginn der Schicht.

Alle stabilen Meister und Arbeiter müssen sofort nach Eintritt in den stabilen Arbeiterverband Mitglieder der Bruderlade werden.

Jedes Mitglied muß Beiträge zahlen zum Theile laufende, zum Theile einmalige. Die Größe des laufenden Beitrages beträgt 2 pCt. des Baarlohnes einschließlich der eventuellen Theuerungszulage; die einmaligen Beiträge sind zu entrichten beim Eintritt in den Verband, bei Avancement und bei der ersten Verehelichung. Außerdem fließen als außerordentliche Beiträge die Strafgelder in die Kasse. Das Forstärar dagegen leistet keinen Beitrag.

Aus diesen Beiträgen und aus dem Zinsenerträgniß des durch die Beiträge, sowie durch Schenkungen und Vermächtnisse gebildeten Stammvermögens werden dann die Auslagen bestritten. Diese bestehen in Verwaltungskosten, den Auslagen für gottesdienstliche Funktionen, in Krankenunterstützung, (welche nach dem im § 7 des Lohnregulatives aufgestellten Normen bemessen werden), in fortlaufenden oder augenblicklichen Unterstützungen von Mitgliedern oder deren Witwen und Waisen und in Begräbnißkosten.

Die Unterstützungen betragen pro Vierteljahr für erwerbsunfähige ehemalige aktive Mitglieder 4—8 Gulden.

für deren Witwen . . . 2—4 =
für eine Waise ohne Vater 1—2 =
für eine Doppelwaise . . 1—4 =

Die einmaligen Unterstützungen überschreiten jährlich pro Mann nicht 10 Gulden.

Diese Bruderladen werden verwaltet vom k. k. Amt, sodann von einem Verwaltungsrath, welcher besteht aus dem jedesmaligen Forstverwalter als Obmann, aus Brudermeistern und den Bruderlad=Ausschüssen und einem Rechnungsführer. Die Brudermeister, in der Regel je einer für einen Lokalverband, werden aus dem Stande der Meister und Arbeiter mittelst relativer Stimmenmehrheit gewählt. Die Bruderlad=Ausschüsse ebenso, und zwar in der Regel ein Mann für je 20 und so, daß die verschiedenen Wohnungsbezirke vertreten sind. Der Rechnungsführer wird aus dem Forstschutzpersonale gewählt.

Es geht aus alledem hervor, daß durch die erörterten Einrichtungen die stabilen Arbeiter in zweifacher Weise gesichert sind, und die Höhe der zu zahlenden Beiträge einerseits, die gewährleisteten Unterstützungen anderseits beweisen, daß durch diese Institutionen die Arbeiter wirklich in den Stand gesetzt sind, aus ihrem verdienten Lohne nicht nur die laufenden Ausgaben zu decken, sondern auch für ihr eigenes Leben und das ihrer Angehörigen von der Wiege bis zum Grabe in auskömmlicher Weise gesichert zu sein.

Nach unserer Berechnung waren durchschnittlich noch 10 pCt. des Lohnes zu dieser Sicherung des Lebens verwendbar. Hier genügen 2 pCt. desselben dazu. Es bleibt also für die höheren Lebensbedürfnisse ein wesentlicher Ueberschuß.

Nach einem mir durch die Güte des Herrn Forstmeister Thoma in Görz zugänglich gewordenen, von diesem verfaßten Statutenentwurf für die Berg= und Waldarbeiter der k. k. Idrianer Reichsforsten wird auch dort die Erhaltung der Arbeitskräfte in ähnlicher Weise wie im Salzkammergut erstrebt. Auch hier trennt man stabile und interimale Arbeiter. Erstere bilden 4 Klassen, für deren jede ein bestimmter Schicht=(Grund=) Lohn normirt ist, welcher als Basis dient für alle weiteren Bezüge der Arbeiter. Nach ihm bemessen sich die Krankengelder als 66 pCt. des Schichtlohnes. Von den Einzelbestimmungen, die Krankenunterstützung betreffend, welche im Wesentlichen den obigen konform sind, ist hervorzuheben, daß diejenigen Arbeiter, welche vor der Provisionsfähigkeit, also vor vollendetem 8. Dienstjahre durch Krankheit oder andere natürliche Zufälle ohne eigenes Verschulden dienstuntauglich werden, den Jahresbetrag der niedrigsten Provisionsstufe als Abfindung erhalten. Als Zeitmaximum der Krankengeldgewährung gelten 13 Wochen, dann tritt unter Umständen Provisionirung ein, es sei denn, daß der Arzt die Genesung innerhalb weiterer 4 Wochen in Aussicht stellt. In diesem Falle erhält der Kranke die Unterstützung noch weiter bis höchstens 4 Wochen.

Die Provisionsgenüsse werden gewährt bei eingetretener Dienst=
untauglichkeit nach 5 Sätzen:

vom vollendeten   8. bis vollendetem 10. Jahre 0,2 Th.
= angefangenen 11. =   =   19. = 0,4 =
=   =   20. =   =   29. = 0,6 =
=   =   30. =   =   39. = 0,8 =
=   =   40.   1,0 =

vom Monatslohn. Als solcher gilt der 25fache Betrag des statusmäßigen Schichtenlohnes. Mit 0,2 des Monatslohnes werden auch diejenigen Arbeiter unterstützt, welche vor vollendetem 8. Dienstjahre in wirklicher ärarischer Arbeit so beschädigt sind, daß sie zu jeder weiteren Arbeit untauglich sind.

Die Witwen der Arbeiter beziehen die Hälfte der ihren Gatten im Falle der Provisionirung zukommenden Provision, vaterlose Waisen ohne Unterschied 1 Gulden, vater= und mutter= lose 2,5 Gulden pro Monat. Witwen und Waisen solcher Arbeiter, welche vor Erreichung des 8. Dienstjahres verstarben, erhalten den Jahresbetrag der niedrigsten Provisionsstufe als Abfindung. —

Ein älteres Statut vom Jahre 1854, welches in den Idrianer Reichsforsten noch in Kraft besteht, jedenfalls aber demnächst durch das hier beschriebene ersetzt werden wird, fixirt die Löhne noch nach Geld= und Naturalbezügen.

Nach den „Statuten des Vereins der Holzhauer= Hilfskasse für den Forstbezirk Grillenburg und das Tharanter Revier" bestehen auch in den dortigen Revieren stabile Arbeiterschaften, wie aus § 4 dieser Statuten ersichtlich ist. Es heißt daselbst: „die Theilhaber zerfallen in 3 Klassen. Die nur zeitweilig oder probeweise angenommenen, sowie die den Er= fordernissen ständiger Waldarbeiter nicht entsprechenden Holzhauer (Hilfsarbeiter) bilden die letzte, dritte Klasse, die ständigen und von dem Revierverwalter verpflichteten Holzhauer die zweite und erste Klasse. In der ersten Klasse stehen diejenigen ständigen Arbeiter, welche als solche mindestens 20 Jahre lang ohne Unter= brechung auf den genannten Revieren zur Zufriedenheit gedient und das 60. Lebensjahr zurückgelegt haben, zu der zweiten Klasse gehören die übrigen ständigen Arbeiter. Das Aufrücken aus der dritten in die zweite und aus der zweiten in die erste Klasse erfolgt durch Beschluß des Kassenrathes."

Danach findet offenbar die Unterscheidung der ständigen von den nicht ständigen Arbeitern ausschließlich mit Rücksicht auf die Hilfskasse statt, und es ist also ein den vorher beschriebenen Organisationen ganz ähnliches Verhältniß auch hier vorhanden.

Die Einrichtung dieser Kasse ist kurz folgende:

Jeder Arbeiter muß eintreten; die Aufnahme erfolgt durch Einhändigung der Statuten an den Arbeiter und durch dessen Namensunterschrift, welch' letztere die Bereitwilligkeit des Arbeiters, den Bestimmungen nachzukommen, in sich schließt.

Die Aufnahme von Arbeitern unter 18 oder über 45 Jahre ist nur in die dritte Klasse zulässig und zwar bei letzteren ohne Aussicht auf Einrücken in die höheren Klassen. (§ 15.) Bei Eintritt eines Waldarbeiters in die zweite Klasse ist ein Eintrittsgeld zu entrichten und zwar bei einem Lebensalter von:

bis mit 35 Jahren 5 Mark;
über 35 = = 40 = 6 =
= 40 = = 45 = 9 =

Die laufenden Beiträge werden von allen Kassentheilhabern gleichmäßig bezahlt und zwar ist die Höhe derselben auf 4 pCt. des verdienten Lohnes festgestellt. (§ 16.)

Zu diesen Zuflüssen kommen sodann (§ 10) noch die Zinsen vom Kapitalstock, die Strafgelder wegen Vergehen gegen die Holzhauer-Instruktion und, was hier gegenüber den österreichischen Bruderladen hervorzuheben ist, auch Beiträge aus Staatsmitteln.

Aus diesen Einnahmen werden (§ 20) gewährt Kur- und Krankengelder (ordentliche und außerordentliche), Auslagen für ein Bruchband, Alterszulage, Unterstützung bei gänzlicher Arbeitsunfähigkeit (Pension, Provision) und Begräbnißgelder — für die erste Klasse. Für die zweite dasselbe mit Ausnahme der Alterszulage und Pension und für die dritte Klasse nur Kur- und Krankengelder.

Die Verwaltung steht unter Oberaufsicht des leitenden Forst-

beamten, dem zur Geschäftsleitung und Wahrnehmung der Vereins=
angelegenheiten ein aus den Revierverwaltern und aus Abgeordneten
der Holzhauerschaft, welche der ersten und zweiten Klasse angehören,
gebildeter Kassenrath zur Seite steht.

Der Umstand, daß in einem dem großen Verkehre wie fast
kein anderes Gebiet des deutschen Reiches erschlossenen Lande,
wie Sachsen, eine derartige Organisation sich bis zur Jetztzeit
erhielt, ja in Bezug auf Lebensfähigkeit und Zweckmäßigkeit
offenbar gerade für die Jetztzeit sich bewährt (eine Statuten=
änderung datirt vom 31. December 1878), dieser Umstand ist
gewiß ein Zeichen, daß eine derartige Einrichtung eine zur Er=
haltung tüchtiger Arbeitskräfte sehr wohl geeignete sein kann.

Aus dem sehr ausführlichen „Statut der Wald= und Wege=
arbeiter=Unterstützungskasse zu Clausthal a. H." vom
Jahre 1876 läßt sich folgendes entnehmen:

Unter der früheren hannoverschen Herrschaft bestanden in den
zu Hannover gehörigen Forstrevieren des Harzes mehrere Kassen
zur Unterstützung für Wald= und Wegebau=Arbeiter. Diese Kassen
blieben auch nach der Annexion erhalten, wurden aber im Jahre
1876 unter obigem Namen zu einer einheitlichen Organisation
vereinigt, welcher die Rechte einer juristischen Person ertheilt
wurden.

Es ist gewiß bemerkenswerth, daß man hier nicht, wie in
den österreichischen Alpenländern einfach mit Auflösung (resp. mit
Versetzung auf den Aussterbe=Etat) der althergebrachten Institution
vorging, sondern vielmehr von einer zeitgemäßen Reorganisation
nicht nur weitere Lebensfähigkeit, sondern sogar eine entschiedene
Förderung der Arbeiterverhältnisse erwartete und, wie seither der
Erfolg zeigte, auch erreicht hat. Es erscheint danach ein Blick
auf gerade diese Einrichtung besonders instruktiv.

Auch hier ist der Zweck der Unterstützungskasse, die Mit=
glieder vor dem durch Krankheit, Invalidität und Tod herbeige=
führten Nothstande zu sichern, sie gewährt demnach denselben (§ 12)
freie Kur und Medicin für ihre Personen, Krankenlohn, lebens=
längliche Invalidenpension, Begräbnißgelder, Witwen= und Waisen=

unterstützung, Beitrag zum Schulgeld und eventuell (§ 32) außerordentliche Unterstützungen bei besonders hilfsbedürftiger Lage.

Die Mitglieder werden (§ 2) auf Dauer angenommen, sind also stabil, d. h. sie erhalten gegen Hingabe ihrer ganzen Arbeitskraft an den Fiskus das Recht, jahraus, jahrein beschäftigt zu werden. Die Annahme „auf Dauer" erfolgt jedoch unter der stillschweigenden Voraussetzung, daß fiskalischerseits Gelegenheit zur Arbeit geboten werden kann. Deshalb ist dem Arbeiter ein unbedingtes Recht auf Arbeit nicht zugestanden und eine Unterstützung für den Fall des Eintritts temporären Arbeitsmangels nicht gewährleistet. Indessen wird Seitens des Fiskus eine moralische Verpflichtung auf Arbeitsgewährung anerkannt. So wird halbjährlich von den einzelnen Revierverwaltern an die Behörde berichtet, ob alle resp. wie viele der „enrollirten" Arbeiter im Reviere beschäftigt werden können, und auf Grund dieser Berichte erfolgen nicht selten (§ 37) Kommandirungen disponibler Arbeiter zu Beschäftigungen in Revieren außerhalb des Harzes. Die stipulirten Beiträge sind auch in diesem Falle von dem Arbeiter weiter zu entrichten, wogegen er auch alle Rechte auf Unterstützung durch die Kasse für sich und die Seinen behält.

Die Aufnahmebedingungen sind die gewöhnlichen. Der Aufzunehmende (§ 2) muß mindestens 18 Jahre alt sein, sich in 6 monatlicher Probezeit als brauchbar erwiesen haben und laut ärztlichem Attest gesund sein. Die Aufnahme erfolgt Seitens des Fiskus durch Eintragung in die Stammrolle und Aushändigung eines Exemplares der Statuten und des Aufnahmescheines an den Arbeiter. Eintretende, welche über 20 Jahre alt sind, müssen ein bestimmtes Eintrittsgeld bezahlen.

Alle Mitglieder zahlen monatlich einen Betrag von 2,50 Mark außer bei Eintritt einer (mindestens 6 tägigen) Krankheit und von Invalidität. Außerdem trägt die Staatskasse einen jährlichen Beitrag, welcher gleich ist der Summe der von den aktiven Mitgliedern im betreffenden Jahre entrichteten ordentlichen Beiträge (§ 49). Ferner fließen der Kasse zu die Zinsen vom Kapital, Geldstrafen, Geschenke, Vermächtnisse ꝛc. (§ 10).

Dafür wird gezahlt an Krankenlohn täglich 60 Pfennige vom ersten Tage der Krankheit an, wenn diese mehr als drei Arbeitstage andauert, jedoch nur auf höchstens 6 Monate. Dauert die Krankheit länger, so tritt Pensionirung ein. Erkrankung infolge von einer bei der fiskalischen Arbeit ohne eigenes grobes Verschulden zugezogenen Beschädigung wird mit 1,20 Mark täglich vergütet (§ 16). Die Invaliden=Pension (§ 18) wird ohne Unterscheidung der verschiedenen Altersklassen gezahlt von monatlich 15 Mark an Ganzinvalide, von 9 Mark an Halbinvalide. Auch hier tritt Erhöhung (um 0,3) ein, wenn die Arbeitsunfähigkeit Folge einer bei der fiskalischen Arbeit ohne eigenes grobes Verschulden erhaltenen Beschädigung ist.

Krankheit sowohl wie Invalidität müssen durch den Arzt und den Oberförster bescheinigt sein.

Für Begräbniß eines Mitgliedes werden 30 resp. 40 Mark gezahlt. Witwen erhalten monatlich 4 Mark, resp. 5,30 Mark (§ 23), vaterlose Waisen 2, vater= und mutterlose Waisen 3,5 Mark bis zum 14. Lebensjahre. Ausnahmen in besonderen Fällen sind zulässig (§§ 27—30). Für jedes schulpflichtige Kind endlich erfolgt ein Schulgeldbeitrag von jährlich 2 Mark für je ein Kind (§ 31).

Besondere Bestimmungen gelten für die Zeit des Militairdienstes (§§ 34—36) und für Beurlaubungen (§§ 37—43)

Bestrafungen bestehen in Geldleistungen, Verlust der Unterstützung und Entlassung. Geldstrafen treten ein: wenn ein Mitglied die als Legitimation dienenden Schriftstücke, Statut und Aufnahmeschein, verliert in Höhe von 50 Pfennigen (§ 9), bei unterlassener Anzeige einer die Kasse betreffenden Veränderung in der Familie in Höhe von 1 Mark (§ 10), bei ungebührlichem Benehmen gegen den Kassenvorstand oder die Aerzte (§ 11) bis 3 Mark, bei unterlassener rechtzeitiger Rückmeldung von Urlaub (§ 42), oder eigenmächtigem Verlassen der Arbeit von 1—5 Mark, und im Falle vom Vorhandensein mildernder Umstände bei den mit Entlassung bedrohten Vergehen in Höhe von bis 15 Mark.

Verlust der Unterstützung tritt ein: der Krankenunterstützung bei Zuwiderhandlungen gegen die ärztlichen Vorschriften (§ 17), bei Unterlassung der rechtzeitigen Anmeldung beim Kassenarzte (§ 17); der Witwenpension bei Geburt eines außerehelichen Kindes (§ 25) und nach rechtskräftig zu Ungunsten der Ehefrau erfolgter Ehescheidung (§ 26); bei Invaliden, Witwen und über das 14. Jahr hinaus unterstützten Waisen, wenn denselben die bürgerlichen Ehrenrechte aberkannt wurden (§ 46).

Verlust der Mitgliedschaft endlich tritt ein bei ungebührlichem Benehmen gegen Vorgesetzte, bei Wilddieberei und Holzfrevel, bei Verlassen der fiskalischen Arbeit, infolge der Aberkennung der bürgerlichen Ehrenrechte, Simulirung von Invalidität oder Fälschung von Attesten, bei unterlassener Einzahlung der Urlaubsgelder (§ 44).

Die Verwaltung der Kasse wird von einem „Kassenvorstand" geführt, dessen Mitglieder zum Theil von der Behörde, zum Theil von den Arbeitern gewählt werden. Die Behörde bestellt einen Vorsitzer und drei Beisitzer. Ersterer ist meist ein höherer Forstbeamter, Mitglied der Finanz-Direktion zu Hannover, letztere sind in der Regel drei Oberförster der Harz-Reviere. Die drei weiteren Beisitzer werden von den aus der Urwahl der sämmtlichen stimmberechtigten Kassenmitglieder hervorgegangenen 15 Wahlmännern (pro Revier 3) erwählt. Diese Wahlen werden von einem besonders dazu bestellten Oberförster geleitet (§ 52).

Dieser Vorstand führt alle Geschäfte der Kasse selbständig, die Behörde hat jedoch die Oberaufsicht darüber. Die Buch- und Rechnungsführung erfolgt durch einen Forstrendanten.

Da der ständige Männertagelohn im Harz 2 Mark, der Stücklohn pro Tag also jedenfalls 2,5—3 Mark beträgt, so beläuft sich der zu zahlende Beitrag von 2,5 Mark monatlich oder 30 Mark jährlich auf 4 resp. $3^{1}/_{3}$ pCt. des Gesammtlohnes, ist also nicht höher als der bei der Grillenburger Kasse zu zahlende (vgl. S. 64 f.). Es ist nun allerdings hierbei kaum zweifelhaft, daß ein Harzer stabiler Arbeiter dem Staate höhere Kosten verursacht als ein gewöhnlicher Arbeiter. Allein auch hier dürfte die durch die Organisation bewirkte Leistungsfähigkeit besonders in technischer Beziehung diesen Mehraufwand reichlich vergüten, sodaß selbst durch die gesteigerte Lohnzahlung die von dem Staate zu ziehende Maximalgrenze des Lohnes noch keineswegs erreicht, geschweige denn überschritten wird.

Die Arbeiterorganisation endlich in den Gräflich Stollberg=Wernigerodeschen Forsten[1]) ist im Wesentlichen den beschriebenen analog. Sie trennt ebenfalls ständige und nicht ständige Arbeiter so, daß erstere Klasse nur erreicht werden kann nach zweijähriger Probezeit und vollendetem 16. Lebensjahre, und daß sodann deren Mitglieder die Versicherung auf eine dauernde Arbeit von mindestens 3 Monaten im Jahre erhalten. Die zweite Klasse wird gebildet aus Burschen unter 16 Jahren und solchen Arbeitern, welche nur bei Arbeitsüberfluß auf kurze Zeit angenommen werden. Die ständigen Arbeiter werden jedoch auch während der übrigen 9 Monate im Bezirke der Grafschaft beschäftigt, sie haben ferner Anrecht auf Pension für den Fall der Arbeitsunfähigkeit, müssen aber selbst zur Arbeitspensions=Kasse beitragen. Die Verwaltung sorgt sodann für Beschaffung gesunder Wohnungen gegen sehr billiges Entgeld oder überläßt gegen sehr freundschaftliche Bedingungen Bauplätze und verkauft eventuell Arbeiterhäuser.

Der Heranbildung des Nachwuchses wird besondere Pflege gewidmet durch Unterstützung der Wöchnerinnen, durch Kleinkinderbewahranstalten und Fortbildungsschulen für Knaben und Mädchen. Zur Förderung angemessener Geselligkeit dienen Arbeiterfeste und ein Vereinshaus.

Die auf S. 42 f. sub ζ) normirten Forderungen finden ihre gründliche Berücksichtigung in der Kranken= und Pensionskasse, deren gedruckte Statuten jedem Arbeiter zugänglich sind. Zu beiden haben die Arbeiter selbst Beiträge zu zahlen. Die Pensionskasse dient neben der Erhaltung der Invaliden zugleich dem

---

[1]) Müller, Die Verhältnisse der Arbeiter in der Gräflich Stollberg=Wernigerodeschen Verwaltung. Braunschweig 1875. Vgl. auch Allg. Forst= und Jagdzeitung 1875. S. 113 ff.

Aufwand für Beerdigung, Witwenpension und Waisenerziehung. Neben diesen beiden Kassen bestehen noch mehrere Sparkassen und Konsumvereine.

Diese zuletzt berührte Arbeiterorganisation erscheint in ihren Ergebnissen zweifellos als eine der lebenskräftigsten und bestbegründeten, ist indessen für die Allgemeinheit von einigermaßen begrenzter Bedeutung deshalb, weil wie allbekannt der Stollberg=Wernigerodeschen Herrschaft weder das Interesse noch die Mittel fehlen, eine Art von patriarchalischem, freundlichen Verhältniß zwischen sich und ihren Arbeitern zu pflegen und zu fördern, daß dabei die Rücksichten auf möglichst hohe Erträge theilweise vollständig in den Hintergrund treten. Gleichwohl liefert sie einzelne auch für die Allgemeinheit gewiß sehr werthvolle Momente.

Es würde den Raum dieser Abhandlung überschreiten, wollte ich alle außer den hier beschriebenen Organisationen bestehenden derartigen Einrichtungen aufführen. Aus allen wie aus einer geht hervor, daß durch sie eine Lösung der Arbeiterfrage in den Gebirgsforsten angestrebt und, wie wenigstens einige darthun, auch erzielt wurde. Kurz zusammengefaßt ergiebt das Gesagte: da, wo dauernde Beschäftigung von Arbeitern im Forstbetriebe möglich ist, ist es zweckmäßig, stabile Arbeiter anzustellen. Dieselben können in größeren Verbänden durch eigene Ersparniß und Beiträge des Arbeitgebers, welche bis zu der durch die erörterten Bedingungen zu ziehende Maximalgrenze der Lohnhöhe ausgedehnt werden können, so gestellt sein, daß

1. sie ihrerseits eine merkliche Belastung durch das Sparen nicht trifft;

2. daß der Arbeitgeber

a) ohne Opfer an seinen durch die wirthschaftlichen Ziele gegebenen Erfolgen und

b) ohne bloßer Almosengeber zu sein, seine Beiträge liefert, als einen Theil des vom Arbeiter rechtlich verdienten Lohnes.

Was für Gesichtspunkte für die allgemeinen forstlichen Verhältnisse lassen sich hieraus nun gewinnen?

Sehen wir von den einzelnen Verhältnissen ab, wo der Arbeiter sich kontraktlich verpflichtet, den aufgestellten Bedingungen gemäß zu leben, gewisse Ersparnisse zur Sicherung seiner und der Seinen Zukunft zu machen, so finden wir jetzt allenthalben in den Staatsforstrevieren „freie" Arbeiter d. h. solche, welche sich zu bestimmten Leistungen freiwillig verdingen gegen ein bestimmtes Entgelt. Nach geleisteter Arbeit steht jedem vollständig frei, mit dem verdienten Lohne beliebig zu schalten.

Es ist nun gewiß nicht zweifelhaft, daß dieses Verhältniß eine durch die Zeit- und Kulturfortschritte gebotene Nothwendigkeit[1]) geworden ist. Gewiß ist es auch als eine Förderung des Kulturstandes zu bezeichnen, wenn der moderne Staat die Arbeiter so frei machte, daß sie einestheils über ihre Arbeitskraft, anderntheils über den dafür erhaltenen Lohn frei verfügen können. Aber auch hier brachte die Förderung einen großen Uebelstand mit sich: der Arbeiter zeigte nicht immer die Fähigkeit, den erhaltenen Geldbetrag so zu verwenden, wie es für sein wahres Wohl zweckmäßig war, und wie es die in den Gebirgsforsten bestehenden Organisationen ihm zur Pflicht machten. Gerade diese Freiheit führte deshalb dann anstatt zur Hebung der Lebenshaltung zu deren Minderung, und so lange nicht die Erkenntniß der richtigen Verwendungsweise des Lohnes vereint mit der moralischen Kraft, dieser Erkenntniß zu folgen, die überwiegende Mehrzahl der Arbeiter so beseelt, daß das Gegentheil nur mehr als Ausnahme zu betrachten ist, so lange erscheint es „wünschenswerth, ja nothwendig, die Arbeiter zu einer wirthschaftlichen Benutzung ihres Einkommens zu befähigen[2])." Und zwar wird dies auszugehen haben von denjenigen Arbeitgebern, welche es gemäß der Größe und des Umfanges ihres Besitzes und ihres damit begründeten Einflusses auf eine große Anzahl von Arbeitern am wirksamsten durchführen können, also in erster Linie von dem umfangreiche Forsten besitzendem Staate.

Brentano sagt hierzu[3]): „Die Volkswirthschaftslehre selbst

---

[1]) Vgl. Roscher, Grundl. d. N.-Oek. 1874. § 103.
[2]) Vgl. v. d. Goltz, Ländl. Arb.-Frage 1874. S. 193.
[3]) Die Arbeitergilden der Gegenwart. 1872. II. S. 218.

giebt uns einen sittlichen Maßstab an die Hand, um die Berechtigung einer Lohnhöhe zu beurtheilen, nämlich die Art der Verwendung des Lohnes; derjenige Lohn ist ihr gerecht, der soviel beträgt, als zur Befriedigung der geordneten, regelmäßigen, also der vernünftigen Bedürfnisse des Arbeiters nöthig ist. Sie mißbilligt den Lohn, welcher tiefer steht als dieses Maß. Sie mißbilligt aber auch den Lohn, der darüber beträgt, sofern dieser Mehrbetrag nicht auf vernünftige Weise verwendet wird. Denn einmal kann eine unvernünftige schwelgerische Lebensweise der Arbeiter niemals die geordnete und regelmäßige Lebensweise, der natürliche Lohn sein oder werden. Dann aber ist das Endziel auch der Volkswirthschaftslehre doch nur die sittliche und intellektuelle Hebung des ganzen Volkes und sie unterzieht die materielle Wohlfahrt nur als die zu jener Hebung nothwendige Vorbedingung einer besonderen Beachtung. So wünscht sie ja auch nur mit Rücksicht auf die ganze sittliche und intellektuelle Fortbildung der Arbeiter das Steigen der ordentlichen, regelmäßigen Bedürfnisse derselben. Eben deshalb erscheint daher auch nur diejenige Lohnerhöhung als weise und als ökonomisch berechtigt, welche den entweder schon gestiegenen vernünftigen Bedürfnissen der Arbeiter entspricht, oder welche deren Steigen zur Folge hat, welche den Marktpreis der Arbeit deren natürlichem Lohne anpaßt, oder ein Anpassen des letzteren an jenen hervorruft."

Als wirksames Mittel nun, den Arbeiter zu wirthschaftlicher Benutzung seines Einkommens zu befähigen, ist bei der Freiheit des Arbeiters, seinen Lohn zu verwenden und angesichts des an sich förderlichen dieses Verhältnisses die Hebung der geistigen und sittlichen Bildung anzusehen. „Denn, sagt v. d. Goltz[1]), die Geschichte aller Völker und Berufsklassen liefert den Beweis, daß mit einer niederen allgemeinen Bildungsstufe auch eine unwirthschaftliche Benutzung der nothwendigsten Lebensbedürfnisse verbunden zu sein pflegt; auf ihr fehlt es den Menschen an der erforderlichen Voraussicht und der nöthigen Selbstbeherrschung, den

---

[1]) a. a. O. S. 193.

Ueberfluß guter Zeiten zur Deckung des Mangels in schlechten Zeiten aufzubewahren. Es kann daher mit Sicherheit erwartet werden, daß alle zur Hebung der Bildung der ländlichen Arbeiter mit Erfolg angewendeten Maßregeln auch die wirthschaftliche Tüchtigkeit derselben erhöhen."

Ein Zwang hierzu wird aber lediglich als das Mittel zum Zweck berechtigt sein, zur Erziehung des Arbeiters zum vernünftigen Gebrauch der vollen Freiheit. Er ist zulässig nur für ein Uebergangsstadium, wo er dem höheren Ziele dienen muß.

Auch im freien Verhältniß ist zweifellos die zweckmäßige Organisation der Arbeiter also von förderlichstem Einfluß. Nach den allgemeinen Lohnbestimmungsgründen, nach den für die Gesammtheit der Arbeiterschaften verwerthbaren den Gebirgsforsten entnommenen Gesichtspunkten, endlich nach den von Vertretern des Forstfaches in zahlreichen Versammlungen und Schriften aufgestellten, zugleich von der Praxis unterstützten Normen erscheinen etwa folgende Punkte als die wichtigsten zur Regelung der Waldarbeiterzustände in den Staatsforsten.

1. Allgemein.

Die Organisation der Waldarbeiter ist, soweit es irgend möglich ist, für jedes Revier, unter Umständen für jedes Wirthschaftsganze (Block, Schutzbezirk) so zu regeln[1]), daß eine solche Anzahl ständiger d. i. während des ganzen Jahres im Forste beschäftigter Arbeiter herangebildet wird, als sich dauernd irgend beschäftigen läßt.

Als Unmöglichkeit ist die Durchführung dieser Forderung gewiß keinesfalls zu betrachten. Gerade bei dem relativ intensiveren Betrieb der Flachlandsreviere ist es nicht schwer, auch auf die Zeiten, die von nothwendiger forstlicher Beschäftigung frei sind, eine ganze Reihe von Arbeiten so zu vertheilen, daß eine kleine Anzahl von Arbeitern ihr sicheres Brot dabei findet[2]). Das

---

[1]) Vgl. Verhandl. des Badischen Forst-Vereins zu Schopfheim am 22. Sept. 1873.

[2]) Vgl. Allg. Forst- und Jagdzeitung 1875. Sept. S. 293. Einige Gedanken über Holzarbeiterfrage.

Princip der Durchforstungen will eine häufige Wiederkehr derselben, diese kann fast immer in die Zeit der wirthschaftlichen Ruhe verlegt werden, ebenso auch die immer mehr in den Vordergrund tretenden Wegebauten, die Unterhaltung schon bestehender Wege, Ziehen von Be= oder Entwässerungsgräben, Kulturvorarbeiten, Reinigen der Saat= und Pflanzschulen, Rodungen u. s. w. Oberforstmeister Danckelmann glaubt, daß bei zweckmäßiger Vertheilung in der Regel die Hälfte aller Waldarbeit durch ständige Arbeiter verrichtet werden könne. Entscheidend wirkt hier offenbar die Erwägung, wie hoch in jedem betreffenden Betriebe lokal die Preise für das Arbeitsprodukt über dem Preise der Arbeit stehen. Innerhalb dieser Grenze erscheint nicht nur eine möglichst gleichmäßige Vertheilung[1]) der Arbeit rathsam, sondern auch die Anstellung einer möglichst großen Anzahl stabiler Arbeiter. Diese Zahl bestimmt sich also stets lokal. Danckelmann bezeichnet es als ausreichend, wenn auf 100 bis 300 ha ein ständiger Arbeiter kommt. Die nach diesen Erwägungen zulässige Anzahl stabiler Arbeiter dürfte ähnlich den Gebirgsarbeiterschaften zweckmäßig fester mit der arbeitgebenden Revierverwaltung zu verbinden sein, als blos durch Leistung und Gegenleistung nach jedesmaliger freier Vereinbarung. Dies ist möglich durch einen festen Kontrakt, wie er z. B. im Salzkammergut, in Grillenburg rc. angewendet wird. Der Arbeiter leistet bei der Aufnahme den Handschlag auf pünktliche Erfüllung des ihm bekannt gegebenen und gedruckt ausgehändigten Arbeitsstatuts, welches ihn verpflichtet, seine ganze disponible Arbeitskraft der Verwaltung zur Verfügung zu stellen. Diese verpflichtet sich dagegen durch die Eintragung seines Namens in die Mannschaftsrolle, ihn dauernd im Forste zu beschäftigen und ihm sämmtliche Produktionskosten seiner Arbeit voll zu ersetzen.

Da nun eine Arbeitsvereinigung in den Flachlandsrevieren bei der größeren Einfachheit und Gleichartigkeit der Arbeiten (hier besonders der Fällungsarbeiten) bei Weitem nicht in dem Maße erforder=

---

[1]) Ausführlicher Versuch der Vertheilung bei Saalborn, Forstliche Blätter. 1875. S. 207.

lich oder auch nur angängig ist, wie im Gebirge, so ist die Bildung
festgeschlossener Gruppen (Passe) nicht thunlich und in den meisten
Fällen auch nicht möglich, wenn nämlich die Zahl der stabilen
Arbeiter zu gering ist. Gleichwohl[1]) dürfte sich auch hier eine
Sonderung empfehlen so, daß jedes Wirthschaftsganze (was in
Preußen meist mit einem Schutzbezirk zusammenfällt und einem
Schutzbeamten unterstellt ist) seine Rotte stabiler Arbeiter besitzt,
seien es auch nur wenige Köpfe. Dies fördert gewiß nicht nur die
Einheitlichkeit in Beaufsichtigung und Verlohnung, sondern macht
auch die Arbeiter mit den lokalen Verhältnissen vertrauter und
damit technisch tüchtiger.

Die Bildung der Rotten bedingt ferner, wie es ja auch allent=
halben bei nur freien Arbeitern üblich ist, die Bestellung eines
Vorarbeiters (Holzhauermeisters, Oberholzhauers). Er ist gleich=
sam der Vertreter, der Sprecher derselben, empfängt und vertheilt
die Löhne und ist bei der Einzelarbeit verantwortlich. Der Forst=
beamte dagegen hat dann nur die Anweisungen zu geben und
die Beaufsichtigung zu führen. Den Vorarbeiter werden sich die
Arbeiter aus ihrer eigenen Mitte wählen können, derselbe bedarf
aber der Bestätigung Seitens des Beamten. Der Vorarbeiter
arbeitet selbst mit, erhält dafür den festgesetzten Lohn, außerdem
aber für seine besonderen Leistungen einen Zuschlag.

Der Vortheil, welcher durch einen tüchtigen Vorarbeiter er=
wächst, ist ein sehr bedeutender. Ohne daß er etwas anderes ist,
als ein Arbeiter und ohne daher das Interesse der Arbeiter je
aus dem Auge zu verlieren, wird er doch, besonders durch das
Ehrende seiner Stellung angeregt, das bestmögliche zu leisten,
seiner größeren Verantwortlichkeit gerecht zu werden und also zum
Vortheil der Wirthschaft zu wirken. Aus diesem Grunde erscheint
auch der Vorschlag von Danckelmann und anderen sehr werth=
voll, durch Verwendung besonders tüchtiger Vorarbeiter zu Wald=

---

[1]) Nach Saalborn, Ueber ständige Waldarbeiter. Forstliche Blätter
1878. S. 200 ff.

aufseher=[1]), Waldwärterdiensten mit festem Gehalt den fördernden Ehrgeiz zu ausgiebiger Leistung anzuspornen.

Neben diesem Stamm stabiler Arbeiter wird in den Zeiten erhöhter Thätigkeit beim Fällungs= und Kulturbetrieb eine entsprechende Anzahl zeitlicher Arbeiter gedungen, welche in hergebrachter Weise nur ad hoc angestellt und demgemäß gelohnt werden. Aber auch diese können durch leichte Mittel enger an den Wald geknüpft werden, und sind die folgenden Ausführungen zum großen Theil auch auf sie anwendbar.

2. Die Löhnung im Allgemeinen.

In wohl allen Staatsforstbetrieben ist es jetzt Regel, alle Arbeiten, bei denen eine tüchtige Ausführung kontrolirbar ist, im Stücklohne, Akkord, zu vergeben, und nur in besonderen Fällen Tage= oder Schichtenlohn zu zahlen. Die Vortheile und Nachtheile beider sind zu bekannt, als daß ich sie hier erörtern dürfte. Auch die Fixirung des Lohnes nach Mindestgebot oder nach Tarif ist von Fachmännern gewürdigt worden: da wo die Nachtheile des Mindestgebotes (schlechte Arbeit, Verschwendung von Material 2c.) auf ein Minimum reducirbar sei, sei dieses im Princip der Tariflöhnung vorzuziehen[2]). Für die meisten Verhältnisse dagegen erscheint die Löhnung nach Tarifen die zweckmäßigere[3]).

Für die stabilen Arbeiter dürfte aber neben diesen Geldlöhnungen eine Rückkehr zur theilweisen Naturallöhnung nicht unzweckmäßig sein. Unterziehen wir, um die Richtigkeit dieser Behauptung darzuthun, die zu befriedigenden Lebensbedürfnisse einer näheren Betrachtung.

---

[1]) Vgl. auch R. Lampe, Die Waldarbeiterfrage. Allg. Forst= und Jagdzeitung 1875. S. 118.

[2]) Vgl. Verhandl. des Kgl. Sächs. Forstvereines in Leipzig v. 2.—4. Juli 1874. Antrag Rudorf.

[3]) Unter anderm hat Obf. Genth einen Modus hierfür angegeben. Vgl. Forstl. Blätter 1875.

3. Naturallöhnung.

In Bezug auf Nahrung waren, so hatten wir gesehen, die älteren Gebirgs=Statuten von einer Naturallöhnung alle zurück=gekommen. Nicht also die theoretisch und praktisch ungeeignete Lieferung von Lebensmitteln empfiehlt sich, wohl aber die Gewährung der Möglichkeit für den Arbeiter, einen größeren oder geringeren Theil der Nahrung sich selbst zu erzeugen auf einem ihm zu eigener Bewirthschaftung überlassenen Feld= oder Garten=land. Zur Bestellung dieses Grundstückes werden die Arbeiter vom Forstdienst dispensirt. Dadurch gewinnt man zweierlei, ein=mal ist die Gewährung von Ackerland dem Arbeiter ein Mittel, billiger sich Nahrungsmittel zu erwerben, als durch Geld (Trans=portkosten zu zahlen, ist dem Arbeiter sehr fühlbar, eigene Arbeit dagegen kann er in Geld nicht berechnen), sodann aber wird der=selbe durch das ihm überlassene Stücklein Land seßhafter und zu=friedener und kommt, wenn doch einmal Waldarbeit nicht vor=handen ist, nicht so leicht in Versuchung, anderwärts seinen Unter=halt zu suchen.

Ganz besonders eignen sich zu solchen Gewährungen die vor=übergehend zur Ackernutzung abzugebenden Rodeflächen. So ist z. B. im Schkeuditzer Revier eine Kulturmethode dieser Art, daß größere Bestandslücken im Mittelwalde nach dem Schlage auf 5—7 Jahre landwirthschaftlich verpachtet werden. Der schwere Auboden ge=stattet ein bei der günstigen Lage des Revieres zwischen zwei größeren Märkten sehr vortheilhafte Benutzung der Fläche zu Ge=müsebau, sodaß der betreffende Pächter recht guten Gewinn hat, wenn er als Pachtzahlung die unentgeltliche Urbarmachung und die streifenweise Einsaat von Baumsamen zwischen seine Gemüse=beete übernimmt. Ein Waldzaun, den der Fiskus darumzieht, wird bei der Rückgabe der Fläche in den Forstbetrieb meist so gut verkauft, daß seine Herstellungskosten gedeckt werden.

Aehnliche Verhältnisse finden sich in den Oderrevieren von Schlesien, wo das Land nicht nur zur Zwischen= sondern auch zur Vorkultur auf mehrere Jahre landwirthschaftlich verpachtet wird.

Für die Preußischen Staatsforsten wird ein diesbezügliches Verfahren empfohlen durch Ministerial-Reskript vom 7. October 1873[1]), worin u. A. als „Mittel, die nöthigen Arbeiter an den Wald zu fesseln, anheimgegeben wird, den Arbeitern bezüglich einzelner Waldnutzungen eine angemessene Begünstigung zu Theil werden zu lassen. In dieser Hinsicht sei nichts dagegen einzuwenden, wenn zu dem angedeuteten Zwecke Streu und Gras an die Arbeiter freihändig abgegeben werde. Für zweckmäßig und unbedenklich erachtet das Ministerium für die Gewinnung eines ständigen Arbeiterpersonales das Mittel, landwirthschaftlich zu benutzende Grundstücke an Waldarbeiter zu einem mäßigen Zinse unter der Bedingung freihändig zu verpachten, daß sie der Forstverwaltung zu deren Arbeiten jederzeit zur Verfügung stehen."

Noch wichtiger ist meines Erachtens die Zahlung eines Theiles des Lohnes durch Gewährung guter und freundlicher Wohnungen (vgl. S. 33). Welch ungeheuren Einfluß solche für den Arbeiter haben, liegt auf der Hand. Die Staatsforstverwaltung vermag leicht, entweder vorhandene entsprechende Behausungen für die Waldarbeiter herzurichten, oder ihnen an geeigneten Orten solche zu erbauen und gegen billige Miethe ihnen zu überlassen, oder unter Umständen gegen eine niedere Amortisation an Arbeiter abzugeben. (Vgl. S. 25.)

Auch hierfür liefert das Königreich Sachsen Beispiele. Nach Judeich[2]) wurden im Forstbezirk Eibenstock an 24 Arbeiter 41400 Mark zur Errichtung neuer Behausungen, an 23 Arbeiter 46500 Mark zum Ankauf schon vorhandener Behausungen vorgeschossen; ebenso in den Forstbezirken Auerbach und Marienberg je 7 Arbeitern 12600 resp. 66000 Mark zu Neubauten resp. zu Erwerbung alter Behausungen. Die Verzinsung dieser Darlehen erfolgt meist zu $3^{1}/_{3}$ pCt., die Amortisirung zu $1^{2}/_{3}$—$6^{1}/_{3}$ pCt.

Diese Gewährung und Erleichterung zur Beschaffung guter Wohnungen dehnt sich aber zweckmäßig auch auf die nicht stabil

---

[1]) Vgl. Allg. Forst- und Jagdzeitung 1874. S. 18.
[2]) Auf der Versamml. zu Leipzig 2.—4. Juli 1874.

beschäftigten Arbeiter wenigstens zum Theile aus. Gerade dadurch, daß man diese an die Scholle bindet, gewinnt man dann leicht Ersatz in die stabilen Arbeiterschaften.

Kleidung und Beleuchtung zu beschaffen, wird den Arbeitern selbst zu überlassen sein, äußersten Falls könnten hierbei Empfehlungen bestimmter guter Bezugsquellen stattfinden.

Dagegen ist unzweifelhaft der Bedarf für Feuerung und Heizung an die Arbeiter am zweckmäßigsten in natura abzugeben. „Es liegt, sagt Wessely[1]), zu tief in der menschlichen Natur begründet, das, was man bedarf, in Fülle zu haben. Der Mittellose, der durch Arbeit sich sein Brot verdienen muß, will nun wenigstens in jenem schwelgen oder mindestens nicht darben, was er durch seine eigene Arbeit erzeugt. Insoweit erkennt man in allen Lebenskreisen die Berechtigung zu Hülle und Fülle umsomehr an, als der Arbeiter die Mittel besitzt, etwaige Negirung zu Nichte zu machen."

Im letzteren Punkte scheint mir der Schwerpunkt zu liegen. Denn in der That würde in den bei Weitem meisten Fällen es etwas Unnatürliches haben, wollte man dem Waldarbeiter, der auf dem Schlage oft mehr aus Gewohnheit als aus Bedürfniß einen mächtigen Scheiterhaufen zum Feuer schichtet, nicht soviel Holz gewähren, daß er auch daheim sich behaglich wärmen kann. Wir finden diese Erwägung auch überall in den Staatsforsten berücksichtigt, wenn auch mit vielen Modifikationen. Die Gewährung von Holz an die Arbeiter bedingt für viele Reviere nicht einmal eine darstellbare Ausgabe, wenn nämlich das sogenannte Feierabendholz[2]) oder an die Angehörigen der Holzhauer freie Zettel auf Raff= und Leseholz gewährt sind. Das so gewonnene Holz hat für den Arbeiter einen hohen Gebrauchswerth, einen Marktpreis (Tauschwerth) hat es nicht.

---

[1]) Die Einrichtung des Forstdienstes in Oesterreich Wien 1861. I. S. 501.
[2]) Nur eine gewisse Kontrole erscheint unerläßlich.

4. Nebenemolumente.

In ähnlicher Weise wie das Holz dürfte den Waldarbeitern auch der Genuß gewisser Waldnutzungen[1]) zu gewähren sein, wie die Entnahme von Gras aus den Kulturflächen. Gerade der Waldarbeiter wird hierbei mit Wahrung des eigenen Interesses zugleich das Gedeihen der Kulturen fördern. Ebenso kann dem Waldarbeiter die Entnahme von Streu eher gewährt werden, wie anderen.

Durch alle derartige Gewährungen wird die Einnahme des Arbeiters nicht unbedeutend erhöht, ohne daß doch daraus dem Fiskus eine größere Ausgabe erwächst[2]).

5. Werkzeuge.

Endlich halten die über diesen Punkt berathenden Forstleute auch für sehr empfehlenswerth, den Arbeitern die zu gutem Holzhauerbetriebe zweckmäßigsten Werkzeuge zu beschaffen, wie es in den Hochgebirgen ja ziemlich allgemein ist. Ob dies speciell für die Staatsforstverwaltung gemeint ist, scheint mir zweifelhaft, jedenfalls ist es mir fraglich, ob mit einer Beschaffung Seitens der Verwaltung und Ueberlassung an die Arbeiter mehr gewonnen wird, als durch Empfehlung bestimmter Arten und Bezugsquellen, oder allenfalls durch die Bestimmung, vorschriftsmäßige Werkzeuge zu benutzen. Die Frage erstreckt sich übrigens nur auf die einfachsten billigen Werkzeuge. Keine Forstverwaltung verlangt je von ihren Arbeitern die Beschaffung der größeren, komplicirteren, theureren Geräthe, wie Pflanzeisen, Säemaschinen, Pflüge 2c. 2c., sondern sie alle beschränken ihre Forderungen darauf, daß der Arbeiter sich die ganz gewöhnlichen, dem täglichen zum Theile mannigfaltigsten Gebrauche dienenden Werkzeuge, wie Art, Beil, kleinere Sägen, Spaten, Schaufel und dergl. aus eigenen Mitteln anschaffe. Alles darüber hinausgehende giebt die Verwaltung zum

---

[1]) Vgl. S. 79.
[2]) Vgl. v. Hagen, Forstl. Verhältn. Preußens 1867. S. 43 und oben S. 79 der Abhandlung.

jedesmaligen Gebrauche besonders aus. Damit fallen diese Geräthe garnicht mehr unter den (weiter gefaßten) Begriff des Arbeitslohnes, sondern sind zum Betriebskapital zu rechnen.

Die einfachen Geräthschaften aber erfordern zu ihrer Beschaffung eine sehr kleine Ausgabe. Wohl aber scheint es auch hierbei zweckmäßig zu sein, wenn die Lokalbeamten durch Empfehlung guter Bezugsquellen einerseits, durch Anweisung der Zeugschmiede oder Händler andererseits die jedesmal geeignetsten Arten und Konstruktionen der Werkzeuge für ihren jedesmaligen Betrieb beschaffen. Jeder Händler und Handwerker wird gern darauf eingehen, diese zu besorgen in der Aussicht auf guten Absatz. Der Arbeiter aber arbeitet erfahrungsmäßig am liebsten und dann auch am besten mit selbst beschafften Werkzeugen.

6. Versicherung.

Die Forderung ist gewiß berechtigt, daß der Lohn in jedem Falle dem wirklichen Preis der Arbeit entspricht[1]).

Wir sahen, daß allenthalben angenommen werden darf, daß die bisher gezahlten Löhne die laufenden Lebensbedürfnisse des Arbeiters voll deckten. Es blieb nach den angestellten Berechnungen ein gewisser Bruchtheil des Lohnes immer noch disponibel. Derselbe war berechtigt als Ersatz der technischen Fertigkeit, nach Danckelmann 10 bis 20 pCt. über den gewöhnlichen Lohn[2]), welche unter allen Umständen und besonders bei den stabilen Arbeitern zu wünschen ist. Die weitere Untersuchung zeigte nun, daß dieser Bruchtheil, wenn richtig verwendet, auch meist noch hinreichend sein wird, die höheren Bedürfnisse des Waldarbeiters zu befriedigen. Allein er genügt nicht mehr zur Deckung derjenigen Ausgaben, die wir ebenfalls zu den Produktionskosten rechnen mußten, der für Sicherung der Kindererziehung, für Invalidität durch Krankheit, Unfall oder Alter, für das Begräbniß

---

[1]) Vgl. Verhbl. des Sächs. Forstvereins zu Leipzig, 2.—4. Juli 1874. Antrag des Obfm. Rudorf 2.

[2]) Vgl. Verhbl. des Badischen Forstvereines zu Schopfheim b. 22. Sept. 1873 und des Mecklenburg. Forstvereines zu Bützow 1875.

und für die Erhaltung der Angehörigen, sobald der Arbeiter für sich allein diese Kosten durch Ersparnisse aufbringen muß. Die Folge davon war eben Arbeitermangel. Anderseits hatten wir gefunden, daß der Staat in seiner Eigenschaft als Forstbesitzer wegen der ihm zufallenden Aufgabe, die volkswirthschaftlichen Einflüsse der Wälder zu erhalten und zu fördern, im Ganzen seines Betriebes höheren Lohn zahlen kann als der Privatunternehmer.

Darf dies als erwiesen gelten, so wird vom Staate dem Arbeiter am ehesten Ersatz auch jener Produktionskosten geleistet werden können, welche zu decken dieser aus eigenen Ersparnissen ohne fremde Hilfe nicht im Stande war.

Die größeren stabilen Arbeiterschaften der Gebirge erzielten die Sicherung, die sich der einzelne allein nicht schaffen kann, durch Gegenseitigkeit nämlich durch Beitritt in die stabilen Provisionsverbände und in die Bruderladen. Dies ist bei den kleineren Gruppen stabiler Arbeiter nicht möglich. Hier also müßte der Fiskus, der Arbeitgeber, eintreten, er müßte in entweder bestehende oder eigens zu errichtende Hilfskassen soviel zu den unzulänglichen Beiträgen der Arbeiter zuschießen, daß deren Existenz gesichert ist[1]). Auch hier werden im Einzelnen lokale Verhältnisse bedingend sein. Als Beispiel kann die S. 64f. näher beschriebene Arbeiter=Hilfs=Kasse zu Grillenburg i. S. dienen, und zum Beweis der Zweckmäßigkeit derartiger Einrichtungen sei mir gestattet, die Daten anzuführen, welche Geh. Oberforstrath Dr. Judeich in der Versammlung Sächsischer Forstleute zu Leipzig (2.—4. Juli 1874) von den Sächsischen Einrichtungen dieser Art gab. Danach bestanden in Sachsen für 67 Reviere 13 Kassen mit einem Kapitalstock von rund 26000 Thalern. Dieselben hatten sich während kurzer Zeit ihres Bestehens vortrefflich bewährt, nur sei als Verbesserung bei ihnen wünschenswerth, die Beiträge im Wesentlichen durch den Fiskus aufbringen zu lassen. Denn es sei zu hart, die Leute eventuell zu entlassen,

---

[1]) Vgl. Antrag Danckelmanns auf der Versammlung zu Greifswald, den 18.—22. August 1875.

nachdem dieselben einen beträchtlichen Theil ihrer Ersparnisse in die Kasse gezahlt hätten.

Auch in Preußen bestimmen Ministerial-Reskripte vom 6. Februar 1864, 10. December 1868, 18. August 1874 gewisse Unterstützungen für solche Arbeiter resp. deren Hinterbliebenen, welche im fiskalischen Forstbetriebe ohne eigenes Verschulden arbeitsunfähig geworden resp. um's Leben gekommen sind[1]). Neuerdings stehen außerdem hierüber wohl noch weitergehende Bestimmungen im Interesse der Arbeiter bevor.

Die Angehörigen der stabilen Arbeiter lassen sich außer durch die Kassen auch noch dadurch vor Noth schützen und für den Fiskus nutzbar verwenden, daß man die Kinder entsprechend heranbildet zum Ersatz der Väter, daß man die Frauen mit leichter Arbeit im Walde beschäftigt, sodaß die kleinsten Kinder unter ihrer Aufsicht bleiben können und daß man die Ableber ebenfalls einer ihren Kräften angemessenen geringen Thätigkeit zuweist. Hierbei kommen gewiß besonders die Kulturarbeiten in Betracht.

Wie nun im Einzelnen und Speciellen die Organisirung des Kassenwesens zweckmäßig geregelt wird, darüber sind gerade in neuester Zeit die verschiedensten Vorschläge gemacht worden. Das was bisher mit besonderer Rücksicht auf die zu schaffenden stabilen Arbeiter behandelt wurde, ist gewiß, wenigstens zum Theil auf die zeitlichen freien Arbeiter auszudehnen. Nach Danckelmann ist es am zweckmäßigsten, einerseits Waldarbeitergenossenschaften mit Unterstützungskassen z. B. Begräbniß-, Kranken-, Unfall-, Feuer-Versicherungskassen für alle Arbeiter und anderseits Pensionskassen (Alters-, Invaliden-, Witwen-, Waisen-Pensionskassen) für die stabilen Arbeiter einzurichten.

Auf die Frage, inwieweit ein Zwang zum Beitritt zu den Kassen erforderlich ist, soll an dieser Stelle nicht näher eingegangen werden.

In vielen Fällen wird die Kassenorganisation in kurzer Zeit

---

[1]) Vgl. Forstliche Blätter 1875. S. 205 sowie Allg. Forst- und Jagdzeitung 1875. S. 203.

kaum sich herstellen lassen. Gerade dann geht aber die Inangriff=
nahme derselben am zweckmäßigsten vom Staate aus. Berathung,
steter Hinweis des Einzelnen, Empfehlung und Erklärung be=
stehender Kassen bilden den geeigneten Anfang. Durch Anleitung
der Arbeiter zu zweckmäßiger Beschaffung der Nahrungsmittel
durch Konsumvereine kann, zumal in Gegenden, wo viel Staats=
forst und wenig Verkehr ist, dem Waldarbeiter manche Erleichte=
rung zu Gute kommen, und zwar würden die Konsumvereine
demselben einen doppelten Vortheil bringen, einmal ist er im
Stande, zum Engros=Preise seine Lebensmittel zu beziehen, was
auf dem Lande leicht eine Ersparniß von 50 bis 100 pCt. be=
deutet, er wird unabhängig von dem Krämer des betreffenden
Ortes. Sodann erspart er den meist nicht unbedeutenden Auf=
wand an Zeit, den sonst die Beschaffung der Lebensmittel vom
Markte nöthig machen würde. Vielfach ist hierbei nur ein An=
schluß an schon bestehende Vereine erforderlich, deren es schon
1871 in Deutschland und Oesterreich über 800 gab[1]). Sinkt
dadurch der auf die Nahrungsmittel und auf die Beschaffung
anderer Existenzmittel wie Kleidung, Beleuchtung, Werkzeuge und
dergl. zu verwendende Theil des Lohnes, um so mehr wird dem
Arbeiter zur Deckung der anderen Aufgaben disponibel bleiben.

In ähnlicher Weise wie zu dem Beitritt zu den Konsumver=
einen können die Arbeiter auch hingewiesen werden auf den Bei=
tritt zu gewissen Kassen, welche auf Gegenseitigkeit gegründet für
jene Unfälle[2]) Deckung oder Entschädigung bringen, welche ich
nach Brentano oben sub ζ) aufführte.

Näher auf die Einzelheiten einzugehen, halte ich angesichts
der mancherlei Vorschläge, welche vielleicht in Bälde in den gesetz=
gebenden Körpern zur Verhandlung kommen, nicht für angezeigt.

Am meisten Schwierigkeit bereitet die Errichtung einer Alters=

---

[1]) Vgl. v. d. Goltz, Ländl. Arbeiterfrage. S. 199.
[2]) z. B. Feuerversicherung, v. d. Goltz berechnet den Werth des Mobiliars
einer ländlichen Arbeiterfamilie auf ca. 750 Mark, so daß bei einer Feuer=
versicherungsprämie von 5 per Mille 1,50 Mark zu zahlen wäre.

versorgungsklasse¹), während die Arbeiter leicht veranlaßt werden, Kranken= und Sterbekassen beizutreten, hierbei auch mit geringen Beiträgen eine hinlängliche Sicherung erlangen. Die Altersver= sorgung dagegen läßt sich nur schwer für kleinere Bezirke ermög= lichen, „es sei denn, daß dieselbe verhältnißmäßig hohe Beiträge von ihren Mitgliedern einzieht und ungemein geringe Unterstützung zusichert." Die Benutzung schon bestehender Lebensversicherungs= gesellschaften²) oder die Errichtung von Kassen für größere Be= zirke dürften als zweckmäßigste Mittel gelten und gerade durch Anregung für Gründung einer solchen größeren Kasse zu wirken, scheint der Forstfiskus mit seinem weitausgedehnten Grundbesitz besonders befähigt zu sein.

---

¹) Als zweckmäßig schildert v. d. Goltz a. a. O. S. 213 ff. Die für das Königreich Sachsen 1868 ins Leben gerufenen Statuten zu einer Unterstützungs= kasse ländlicher Arbeiter, welche auch für die Waldarbeiter entsprechend erscheint. Danach enthält diese Kasse folgende Abtheilungen:
a) Zur Gewährung von Krankengeld an arbeitsunfähige Mitglieder und eines Begräbnißbeitrages beim Tod eines Mitgliedes.
b) Zur Gewährung von aa) Witwen=, bb) Waisen=Unterstützungen, cc) Begräbnißbeiträgen an Witwen, dd) an Waisen.
c) Zur Vermittelung von Einzahlungen mit Kapitalverzicht an die Kgl. Sächs. Altersrentenbank wegen Erwerbung von Altersrenten vom voll= endeten 65. Lebensjahre ab, bezw. von Invalidenrenten bei bereits früher eintretender Erwerbsunfähigkeit.
d) Für Gewährung außerordentlicher Unterstützungen für den Fall besonderer Noth und Bedrängniß.

²) U. a. ist die Benutzung der Kaiser=Wilhelm=Spende wohl zu empfehlen, besonders, da dieselbe bislang noch nicht die Benutzung erfahren hat, die ihr gebührt. Nimmt man an, ein Arbeiter zahle im Laufe nur eines Jahres, etwa im 25. Lebensjahre, monatlich 5 Mark, also im Ganzen 60 Mark ein, so bekommt er, wenn er 56 Jahre alt wird, eine jährliche Rente von 20 Mark bis an sein Ende. Setzt er diese Fürsorge, die ihm kein Opfer auferlegt, eine Reihe von Jahren, etwa vom 20.—25. Jahre fort, so wächst die Rente über 150 Mark, und er kommt so aus eigener Kraft über die Unsicherheit des Proletariers fast mit einem Schlage hinaus. Statt der Rente kann er sich auch ein Kapital versichern, das entsprechend der Rente von 150 Mark etwa 1800 Mark betragen würde, bei späterem Zahlungstermine beträchtlich mehr. Vgl. Leipziger Tageblatt vom 9. Febr. 1881.

7. Befriedigung der höheren Bedürfnisse.

Die mit Hilfe der genannten Institutionen gewonnenen Arbeitskräfte sind durch diese unzweifelhaft so gesichert, daß ihnen der nothwendige volle Ersatz aller Produktionskosten geboten ist. Kein Unternehmer aber arbeitet weiter, wenn ihm bloß dieser Ersatz aus dem Unternehmen entspringt, sondern er beansprucht aus demselben berechtigtermaßen noch den üblichen Gewinn. Auch der Arbeiter kann in gewisser Weise als ein Unternehmer bezeichnet werden, der eben seiner Hände Kraft und Geschicklichkeit als Betriebskapital einsetzt. Auch ihm kann deshalb die Berechtigung auf entsprechenden Gewinn nicht abgesprochen werden. Indessen wird er mit einem minimalen derartigen Gewinn zufrieden sein müssen, weil bei ihm ein Risiko, sein Kapital zu verlieren, nach erfolgter Versicherung in sehr geringem Grade besteht, weil ferner die geistige Anstrengung, die allein zur Leitung eines größeren Unternehmens befähigt, bei ihm gleich Null sein kann. Als solchen minimalen Gewinn könnte man den auf ihn wirkenden Einfluß gelten lassen, den der Arbeitgeber (Staat) auf die Hebung seines ethischen Wohlstandes neben dem wirthschaftlichen auszuüben im Stande ist. Darin, daß der Arbeiter zufrieden wird, zufrieden mit seiner Stellung, zufrieden mit seiner Beschäftigung, Behandlung, seinen Unterhaltsmitteln, kurz mit seiner Existenz, darin beruht die ganze Lösung der Arbeiterfrage.

So lange selbst unter dem ärgsten Drucke der Arbeiter sein Elend nicht fühlt, so lange er nicht unzufrieden ist, so lange wird er ruhig im Bestehenden fortleben. Um also auch jetzt, wo der Arbeiter durch mancherlei Unbilden der früheren Zeit empfindlich und argwöhnisch geworden ist und daher in vielen der edelsten, seiner wirthschaftlichen und moralischen Erhebung gewidmeten Bestrebungen geneigt ist, Uebervortheilung oder neue Beschränkung zu wittern, um, sage ich, auch jetzt ihm Vertrauen in den guten Willen, sein Bestes zu suchen, um Zufriedenheit in ihm zu wecken, ist noch mehr nöthig als seine bloße wirthschaftliche Sicherung. Es muß ihm auch Liebe, selbstlose Liebe entgegengebracht werden. Dann erst ist wirklich sein Glück gesichert.

Sehen wir doch auf die wahrhaft zufriedenen Arbeiter der Stollberg=Wernigerodischen Herrschaft. Die an das alte patriarchalische Verhältniß erinnernde Stellung des Herrn zu den Dienern ist gewiß nicht allein eine Folge der vortrefflichen Organisation, sondern ebenso sehr eine Folge davon, daß der Arbeiter sieht und empfindet, seine Herrschaft suche nicht bloß das Ihre, sondern habe eine Freude daran, andere glücklich zu machen[1]).

Auch im Staatsforstbetriebe erscheint es deshalb wohl dienlich, neben den wirthschaftlichen auch zugleich moralische Hebel zur Vervollkommnung der Arbeiter aufzufinden. Wessely hat in seiner „Einrichtung des Forstdienstes in Oesterreich", Band I sich eingehend darüber geäußert und auch von der Goltz legt einen besonderen Werth auf diesen Punkt. Ersterer sagt (I. S. 508): „Es ist nicht genug, daß für den Arbeiter materiell wohl gesorgt und ihm trocken geboten werde, was er physisch zu leisten habe: sondern es müssen auch alle moralischen Hebel in Bewegung gesetzt werden, um den Charakter des Mannes und sein Selbstbewußtsein zu heben, um ihm seinen Beruf, seinen Dienst lieb und hochachtbar zu machen." Und weiter (S. 509): „den ganzen Verkehr der Verwaltung und jedes Vorgesetzten mit der Mannschaft durchwehe ein reger Geist der Menschenfreundlichkeit und des Strebens zum Besten."

Hierher scheint mir nun vor allem zu gehören, daß der Arbeiter gehalten ist, nicht nur tüchtig zu arbeiten, sondern nach der Arbeit auch gründlicher Ruhe zu genießen. Ob dies durch Fixirung eines Normalarbeitstages geschieht (v. d. Goltz a. a. O. S. 189), oder in anderer Weise, ist für die Forstarbeit kaum zu entscheiden. Die oberbaierischen Waldarbeiter arbeiten im Sommer mancherorts (z. B. im Reviere Schliersee) von morgens 2 oder 3 Uhr an und mit Abzug kurzer Essenspausen bis 6 Uhr abends

---

[1]) Gewiß kann der Staat nicht, wie es dort geschieht, für jedes Revier zur Förderung gesunder Geselligkeit und höherer Bildung den Arbeitern Räumlichkeiten einrichten, aber der Einzelbeamte kann auch ohne solche Hilfsmittel sehr viel erreichen.

und sind dabei körperlich und geistig frisch. Nach den zahlreichen Angaben in der Literatur ist im Sommer ein 12 stündiger, im Winter ein 8 stündiger Arbeitstag einschließlich zusammen 1$^1/_2$ bis 2 stündiger Essenspause im Allgemeinen üblich und also offenbar angemessen. Auch hier wird die örtliche Gewohnheit allein entscheiden können.

Demnächst gilt es auch, die Sonn= und Feiertage in ihrem ganzen Segen nutzbar zu machen. Hat der Arbeiter Gelegenheit, im Familienkreise seine Ruhe und sein Behagen zu finden, so wird ihm diese auch lieb und werth, er wird die rohen Vergnügungen des Wirthshauslebens gern darum hingeben, hat er nur einmal gekostet, wie traulich sein Heim sein kann. Und gewiß ist, daß unter diesen Einflüssen der Arbeiter des Sonntags eher einmal den Weg zum Gotteshaus als zum Wirthshaus finden wird. Alle Zeiten und Kulturvölker lehren, daß ein Stand blüht und erstarkt, wenn er die Familie und die Religion ehrt und übt.

„Viele unserer ländlichen Arbeiter, sagt von der Goltz (a. a. O. S. 190), sind freilich noch so wenig an solche Freuden gewöhnt, daß sie dieselben erst genießen lernen müssen." Ihnen dieses zu erleichtern, ist aber gewiß eine lohnende Aufgabe für jeden, der als Verwalter eines Staatsrevieres mit den Arbeitern jahraus jahrein zu thun hat. Und es kann in der That dies nicht erreicht werden durch allgemeine Vorschriften und Bestimmungen, sondern allein durch die Thätigkeit des Einzelnen in dem Kreise seiner Wirksamkeit. Aber auch der Einzelne erntet dafür den ersten Lohn. In den Mußestunden daheim findet der Arbeiter bald Lust und Interesse an unterhaltender und belehrender Lektüre, und hierin besonders kann eine Anleitung von großem Werthe sein.

Die Freude an richtiger Geselligkeit kann vortrefflich geweckt und gepflegt werden durch Arrangirung einer Festlichkeit, wie sie schon jetzt vielfach üblich ist am Schlusse der Kulturzeit.

Im alltäglichen Verkehr aber sind Strenge im Dienst, Freundlichkeit im Entgegenkommen, Weckung des Ehrgeizes, Mittel, welche gewiß jeder Vorgesetzte leicht und erfolgreich anwenden wird. So wird auch für den Arbeiter das Wort Goethes Bedeutung finden:

> Tages Arbeit, abends Gäste,
> Saure Wochen, frohe Feste!
> Sei dein künftig Zauberwort.

Beilage A.

Verordnung
über

das Ausmaß der Provisionsgenüsse für die Meister und stabilen Forstarbeiter des österreichischen-steiermärkischen Salzkammergutes.

§ 1. Die in dieser Verordnung enthaltenen Bestimmungen haben vom 1. Februar 1873 angefangen für die Meister und stabilen Forstarbeiter des oberösterreichisch=steiermärkischen Salzkammergutes und deren Angehörige Anwendung.

§ 2. Der Anspruch auf eine nach Maßgabe der Dauer ihrer anrechenbaren Dienstzeit zu bemessende am Schlusse des Kalendermonats fällige Provision oder auf eine Abfertigung haben alle Meister und stabilen Forstarbeiter des oberösterreichisch=steiermärkischen Salzkammergutes, welche nicht in Folge der Dienstesentsagung, Dienstesentlassung, oder strafweisen Dienstesenthaltung, sondern wegen erwiesener Dienstesunfähigkeit oder über Verfügen der Behörde aus dem stabilen Dienste ausscheiden, und zwar nach folgenden Bestimmungen:

§ 3. Die Dienstjahre zählen vom Tage der Aufnahme in den stabilen Dienst.

Die Aufnahme in den stabilen Dienst erfolgt aus dem Stande der interimalen Arbeiter und darf erst nach vollendetem 18. Lebensjahre des Aufzunehmenden nach Maßgabe der dienstlichen Verwendung, moralischer Aufführung und konstatirt voller physischer Tauglichkeit desselben innerhalb der Grenze des unumgänglichen Bedarfes an Arbeitskräften stattfinden.

Die schon vor dem 1. Februar 1873 stabil aufgenommenen Meister und Forstarbeiter erwerben mit dem vollstreckten achten anrechenbaren Dienstjahre, dagegen alle vom 1. Februar 1873 an stabil aufgenommenen Meister und Arbeiter erst mit dem vollstreckten zehnten anrechenbaren Dienstjahre den Anspruch auf einen fortlaufenden Provisionsbezug nach den Bestimmungen dieser Verordnung.

§ 4. Die monatliche Provision eines nach vorstehenden § provisionsberechtigten Meisters oder stabilen Forstarbeiters wird bei den Meistern nach dem Monatlohne, bei den Arbeitern nach dem sechsundzwanzigfachen Betrage des letztgenossenen Schichtengrundlohnes berechnet und beträgt nach in stabiler Dienstleistung vollstreckten

    8 bezw. 10 bis 15 Dienstjahren 0,1
        über 15 = 20 = 0,2
        = 20 = 25 = 0,3
        = 25 = 30 = 0,4
        = 30 = 35 = 0,5
        = 35 = 40 = 0,6
        = 40   = 0,7

des Monatlohnes, bezw. des sechsundzwanzigfachen Betrages des Schichtengrundlohnes.

§ 5. Erfolgt das Ausscheiden aus dem stabilen Dienste in Folge einer unverschuldeten Verunglückung im Dienste, so hat der Verunglückte auch bei einer anrechenbaren Dienstzeit unter 8 bezw. 10 Jahren auf eine Provision mit 0,2 des Lohnes, und die Hinterbliebenen nach dem dereinstigen Ableben desselben auf die entsprechende Provisionirung Anspruch (§ 6 und 7).

In allen anderen Fällen, wenn nach zurückgelegten 8 bezw. 10 Dienstjahren in Folge unverschuldeter Verunglückung im Dienste eine Provisionirung eintritt, wird die Provision nach dem Provisionssatze der nächst höheren Dienstaltersklasse bemessen, und hat bei einer solchen Verunglückung, welche zu jedem Erwerbe unfähig macht, keinesfalls weniger als 0,5 des Lohnes zu betragen.

§ 6. Die Witwen von, nach vorstehenden Bestimmungen provisionsfähigen Meistern und Arbeitern, haben ohne Unterschied, ob deren Gatten im Dienste oder im Provisionsstande verstorben sind, als Provision ⅓ (Ein Drittel) des Lohnes zu erhalten, welchen der Gatte im Dienst zuletzt bezogen hat. Hat der Gatte im Dienste den Tod gefunden, so wird die Witwenprovision verdoppelt.

§ 7. Vaterlose Waisen von provisionsberechtigten Meistern erhalten eine Provision von wöchentlich 30 (dreißig) Kr., das ist monatlich 1 fl. 30 Kr., diejenigen von Arbeitern eine solche von wöchentlich 24 (vierundzwanzig) Kr., b. i. monatlich 1 fl. 4 Kr. Vater- und mutterlosen Waisen wird die Provision mit 1½ des vorstehenden Betrages, d. h. bei Meisters-Waisen mit 45 (fünfundvierzig) Kr., bei

Arbeiter-Waisen mit 36 (sechsunddreißig) Kr. wöchentlich, bezw. mit 1 fl. 95 Kr. und 1 fl. 56 Kr. monatlich bemessen.

Bei Waisen, deren Väter im Dienste den Tod gefunden haben, werden diese Provisionssätze verdoppelt.

Das Normalalter, bis zu welchem die Waisen-Provisionen zu dauern haben, ist bei Knaben das zurückgelegte 14., bei Mädchen das zurückgelegte 12. Lebensjahr.

Eine Verlängerung des Provisionsgenusses über das Normalalter hinaus, kann nur in Fällen besonderer Gebrechlichkeit oder vollständiger Erwerbsunfähigkeit beantragt werden, wogegen die bisherigen Quatembergeldbeiträge zu entfallen haben.

§ 8. Auf Abfertigungsbeträge vor zurückgelegtem 8. bezw. 10. Dienstjahre haben nur jene Meister und stabilen Forstarbeiter Anspruch, deren dauernde Arbeitsunfähigkeit nachgewiesen vorliegt, das Ausmaß der Abfertigung wird für die Meister mit dem Betrage des dreifachen Monatlohnes und für die Arbeiter mit dem für 13 Wochen à 6 Tage entfallenden Schichtengrundlohne bemessen.

In Betreff der Abfertigung von Witwen, dann des Ausmaßes und der Bedingungen derselben bleiben die bestehenden Normen aufrecht.

§ 9. Die bestehenden Vorschriften über die Erneuerung, die Dauer und den Verlust des Provisionsanspruches, über die Anrechenbarkeit der Dienstzeit und so weiter, bleiben, insofern sie durch die gegenwärtige Verordnung nicht abgeändert werden, aufrecht.

Beilage B.

Der Holzhauer Rosche in Schkeuditz verdient im Durchschnitt jährlich 530 Mark, seine Frau 165 Mark, beide also 695 Mark.

Die baaren Ausgaben für Nahrungsmittel für beide Eheleute betragen wöchentlich 7—8 Mark, also jährlich 364—416 Mark oder im Durchschnitt 390 Mark, d. i. vom Gesammtverdienst 56 pCt. Für den Mann allein würden die Ernährungskosten nach einem ungefähren Ueberschlag sich auf 5—6$\frac{1}{4}$ Mark d. i. auf jährlich 290 Mark belaufen, also auf durchschnittlich 54,7 pCt. seines Lohnes. Es ergiebt sich daraus für den Nahrungsaufwand der Frau ein Plus von circa 2—2$\frac{1}{2}$ Mark, d. i. circa die knappe Hälfte des für den Mann allein erforderlichen.

An Kleidung braucht Rosche im Jahre:

1 Hose und Weste	7,50 M.
1 Wolljacke	7,00 =
Getragene Kleidungsstücke	6,00 =
1 wollenes Hemd	3,00 =
1 leinenes Hemd	2,00 =
2 Schürzen	3,00 =
2 Paar Strümpfe	2,00 =
1 Paar Schaftstiefel	15,00 =
1 Paar leichte Stiefel	7,50 =
1 Mütze	2,00 =
1 Paar Handschuhe	0,50 =
1 Halstuch	1,00 =
Sa.	56,50 M.

d. i. 10,66 pCt. seines Lohnes.

Für die ermiethete Wohnung zahlt R. 45 Mark jährlich, also 8,5 pCt. seines Lohnes. Es ist hierbei jedoch zu berücksichtigen, daß eine Wohnung in der Stadt, sei diese auch nicht größer wie Schkeuditz, doch immer theurer ist, als auf dem Lande, sodaß die vorn ange=

nommenen durchschnittlichen 7 pCt. für Wohnung durch dieses Beispiel meines Erachtens nicht hinfällig werden.

Für Heizung war ein Aufwand von 15, für Beleuchtung ein solcher von 6 Mark im Jahre, in Summa also 21 Mark erforderlich, d. i. 3,96 pCt. vom Gesammtlohn.

Der Aufwand für Familie beschränkt sich hier auf die Bedürfnisse der Frau und zweier Enkelkinder. Da letztere noch ganz klein sind, außerdem noch einen erwerbsfähigen Vater haben, welcher in der Hauptsache den für sie erforderlichen Bedarf deckt, so sind die Seitens des N. zu bestreitenden Ausgaben für dieselben ganz minimale.

Die Frau ist im Stande, ihre Bedürfnisse aus dem eigenen Verdienste ungefähr zu decken, sie bedarf durchschnittlich im Jahre:

an Nahrung für 120 Mark;

für Kleidung verausgabt sie baar:

Leinwand zu 1 Hemd und Reparaturen	2,50 M.
Strickgarn	1,50 =
Tuchstoff zur Selbstverarbeitung	4,00 =
1 Rock	3,00 =
1 Kopftuch	1,50 =
1 Paar Pantoffeln	1,00 =
1 Paar derbe Schuhe	4,00 =
Zwirn und Nähutensilien	1,00 =
Sa.	18,50 M.

Für beide Eheleute ist ferner erforderlich: für Haushaltungsgegenstände, als:

Bettzeug	8—10,00 M.
Geschirre	2,00 =
Scheuer- und Waschgeräthe	1,00 =
Seife	6,00 =
Ankauf und Unterhalt einer Ziege	6,00 =
= = = eines Schweines	18,00
Feldgeräthschaften	1,50 =
Holzhauergeräthschaften	3,00 =
Verschiedene Gegenstände	5,00 =
Staats- und Kommunal-Steuern	7,50 =
Sa. rot.	59,00 M.

Um diese Ausgaben zu decken, müssen zu dem Restbetrage 26,50 Mark des Verdienstes der Frau, von dem des Mannes hinzukommen 32,50 Mark, d. i. 6,13 pCt. seines Lohnes.

Es verbleiben danach vom Lohne des Mannes noch 85 Mark als Rekompens der höheren technischen Fertigkeit, der größeren Opfer an Bequemlichkeit und Lebenssicherheit, für höhere Bedürfnisse und für die Lebensversicherung. Dies ergiebt einen nicht unerheblichen Ueberschuß, nämlich 6 pCt. Dies ist indessen motivirt durch den hier nicht erforderlichen Aufwand für die Kinder, den ich oben mit 5 pCt. angesetzt hatte. Die eigentliche Differenz beträgt danach nur 1 pCt. Die Verwendung dieses Ueberschusses zeigt sich bei R. nun in vermehrtem Aufwand für Genuß und Prunk, sein Zimmer ist mit erkauften Bildern geschmückt, er kleidet sich, ebenso wie seine Frau, am Sonntag sauberer und liest u. a. eine billige belletristische Zeitschrift. Ein schließlicher Restbetrag, welcher von 10—25 Mark im Jahre schwankt, wird auf der Sparkasse nutzbringend angelegt als Nothpfennig für das Alter.

Um den Beweis führen zu können, daß der als allgemeine Grundlage benutzte Aufwand für die Ernährung auch bei dem Rosche für die supponirten 55 pCt. des Gesammtlohnes ganz zu bestreiten ist, lag mir daran, die von R. genossenen Nahrungsmittel auf ihren Preis zu prüfen und sodann in Bezug auf ihren Nährwerth zu analysiren.

Der großen Güte des Herrn Professor Dr. Hofmann zu Leipzig verdanke ich einerseits die Anleitung zu zweckmäßiger Anstellung der diesbezüglichen Untersuchungen, anderseits die unten angegebenen werthvollen Analysen. Diese Untersuchungen wurden zu besserer Vergleichung außer bei dem Rosche noch bei zwei anderen in demselben Reviere beschäftigten Arbeitern angestellt und ergaben die folgenden Resultate:

Während dreier aufeinander folgender Tage, deren mittlerer jedesmal ein Sonntag, also Ruhetag mit besserer Nahrung war, wurden sowohl die Nahrungsquanten, welche die Arbeiter aufnahmen, als auch die von denselben ausgeschiedenen Harnmengen notirt.

Versuch I.

Der Arbeiter Walther, 23 Jahre alt, von kleiner aber kräftiger Statur, 57 kg schwer, genoß:

Sonnabend, den 5. Februar 1881
bei 9½ stündiger mittelschwerer Arbeit:

Speisen	nach dem Marktpreis
2 Tassen Gerstenkaffee[1]	1,0 Pfennige
125 gr Schwarzbrot[2]	2,5 =
200 = Schwarzbrot	4,0 =
20 = Butter[3]	4,8 =
150 = trocknen Käse[4]	5,3 =
0,750 l Suppe aus Ziegenmilch[5]) mit .	11,3 =
250 gr Schwarzbrot.	5,0 =
20 = Rindstalg[6]	2,8 =
1 Tasse Kaffee	0,5 =
100 gr Hirse[7]	5,0 =
0,250 l Ziegenmilch.	3,8 =
400 gr Kartoffeln[8]	2,4 =
125 = Pöckelschweinfleisch[9] . . .	10,0 =
1 Tasse Kaffee	0,5 =
Salz[10]) ca. 36 gr	0,4 =
0,125 l Branntwein[11])	6,0 =
	Sa. 73 Pfennige

---

[1]) von 1 Loth à 5 Pf. 10 Tassen.
[2]) pro Kilo 20 Pf.
[3]) pro Kilo 2,40 Mark.
[4]) 200 gr 7 Pf.
[5]) pro Liter 15 Pf.
[6]) pro Kilo 1,40 Mark.
[7]) pro Kilo 50 Pf.
[8]) pro Kilo 6 Pf.
[9]) pro Kilo 80 Pf.
[10]) pro Kilo 10 Pf.
[11]) pro Liter 49 Pf.

Sonntag, den 6. Februar 1881
bei Ruhe:

Speisen	nach dem Marktpreis	
2 Tassen Kaffee	1,0	Pfennige
150 gr Waizenbrot	9,0	=
3 Kartoffelklöße à 3600 cc aus geriebenen Kartoffeln, Mehl, Speckgriefen, dazu Meerettigbrühe	15,0	=
125 gr Pöckelschweinfleisch	10,0	=
2 Tassen Kaffee	1,0	=
0,500 l Bier	13,0	=
Kartoffelsalat (Specksauce, Essig, Zwiebel)	10,0	=
60 gr Brot	1,2	=
100 = Blutwurst	8,0	=
36 = Salz	0,4	=
Sa.	68,6	Pfennige

Montag, den 7. Februar 1881
bei 9½ stündiger schwerer Arbeit:

Speisen	nach dem Marktpreis	
2 Tassen Kaffee	1,0	Pfennige
125 gr Schwarzbrot	2,5	=
200 = Schwarzbrot	4,0	=
20 = Butter	4,8	=
150 = trockenen Käse	5,3	=
0,750 l Milchsuppe mit	11,3	=
250 gr Schwarzbrot	5,0	=
20 = Rindstalg	2,8	=
2 Tassen Kaffee	0,5	=
100 gr Schwarzbrot	2,0	=
100 = Hirse	5,0	=
0,250 l Ziegenmilch	3,8	=
350 gr Kartoffeln	2,1	=
125 = Sülzewurst[1]	15,0	=
25 = Schweinfett	4,0	=
36 = Salz	0,4	=
0,125 l Branntwein	6,0	=
Sa.	74,6	Pfennige

[1] pro Kilo 1,20 Mark.

Aus der Analyse der Harnmengen berechnete Herr Professor Hofmann:

Versuchs-Tage	Gesammt-menge Harn cc	Gesammt-Phosphor-säure gr	Kochsalz gr	Stickstoff gr	Eiweiß[1] gr
Tag 1.	2406	3,54	21,49	12,94	80,8
„ 2.	2228	2,90	14,30	11,62	72,6
„ 3.	1710	?	18,47	11,90	74,4
Im Mittel	.	.	.	12,16	75,9

Man kann im Hinblick auf die Diät des Arbeiters mit Sicherheit annehmen, daß mindestens 20 pCt. des genossenen Eiweißes als unverdaulich im Kothe entleert wurden, daß also obige Eiweißmengen circa 80 pCt. des in der Nahrung enthaltenen Eiweißes darstellen, oder daß an Eiweiß im Mittel verzehrt wurden 95 gr.

Diese täglich genossenen 95 gr Eiweiß genügen nach dem S. 16 angeführten von Voit normirten Kostsätzen (118 gr Eiweiß bei leichter, 145 gr bei schwerer Arbeit) allerdings nicht, allein die Voit'schen Angaben dürfen nach Hofmann hier in der That nicht als maßgebend angesehen werden. Denn Voit fand diese Zahlen als Durchschnittswerthe aus großen Reihen von Versuchen, die zudem vorzugsweise in Anstalten angestellt wurden. Wegen dieser Zusammenfassung zahlreicher Versuche verlieren sie deshalb leicht die Anwendbarkeit auf Einzelfälle. Außerdem ist zu berücksichtigen, daß Voit seine Untersuchungen in München anstellte, wo bei den notorisch niedrigen Fleischpreisen auch der Arme in den Stand gesetzt ist, sich reichliche animalische Kost zuzuführen und infolge dessen in einem weit besseren Ernährungszustande ist, als die gleiche Bevölkerungsklasse anderer Gegenden. Hofmann fand bei keinem der von ihm in und um Leipzig angestellten Versuche, ebenso wenig nach den Angaben anderer Fachgenossen je eine solche Eiweißmenge, wie sie Voit als zur Ernährung nothwendig angiebt, vielmehr ergaben alle Untersuchungen mit Evidenz, daß der menschliche Körper selbst bei angestrengter Arbeit mit einem viel geringerem Eiweißquantum vollkommen ausreichend ernährt war. So betrug[2] das tägliche Eiweiß-

---

[1]) 1 Stickstoff = 6,25 Eiweiß.
[2]) Hofmann, Fleischnahrung und Fleisch-Conserven, Leipzig 1880. S. 62.

quantum der Armenhausbewohner zu Schwerin 91,7 gr Eiweiß, daß der Pfründner in dem Geistspital zu München 89,3 gr; Böhm berechnete (Hofmann S. 61) bei quantitativer Feststellung der Nahrungsmengen der ärmsten Bevölkerung auf Grund sorgfältiger Aufzeichnungen bei ca. 50 armen Familien als ausreichende tägliche Zufuhr 64 gr Eiweiß. Zahlen von ähnlicher Höhe fand Hofmann im Georgenhaus zu Leipzig, der Strafanstalt zu Waldheim ⁊c. In den meisten dieser Anstalten haben die Inwohner eine ganz bedeutende, zweifellos dem bei der Holzfällung erforderlichen Kraftaufwand mindestens entsprechende Arbeitsleistung zu verrichten und vermochten dies andauernd, trotzdem, daß die tägliche Eiweißzufuhr die Voit'schen Zahlen bei Weitem nicht erreichte.

So geht aus diesen Daten mit Sicherheit hervor, daß die von Walther täglich genossenen 95 gr Eiweiß als vollauf ausreichend zu gesunder Ernährung betrachtet werden müssen.

Versuch II.

Der Arbeiter Werner, 33 Jahre alt, von kräftiger Constitution, aber infolge von Ungemach körperlich und geistig sehr gedrückt genoß:

Sonnabend, den 19. Februar 1881
bei mittlerer Arbeit:

Speisen	nach dem Marktpreise
400 gr Brot	8,0 Pfennige
80 = Butter	19,2 =
20 = Schweinefett	5,2 =
50 = Käse	1,8 =
750 = Kartoffelsuppe	9,0 =
770 = Kartoffeln	4,6 =
9 Tassen Kaffee	4,5 =
0,125 l Branntwein	7,0 =
36 gr Salz	0,4 =
	Sa. 57,7 Pfennige.

Sonntag, den 20. Februar 1881.

Speisen	nach dem Marktpreise
80 gr Roggenbrot	1,6 Pfennige
290 = Waizenbrot[1]	17,2 =
25 = Butter	6,0 =
25 = Käse	0,9 =
1250 = Milchhirse	12,0 =
120 = gekochtes Schweinfleisch[2]	14,4 =
9 Tassen Kaffee	4,5 =
36 gr Salz	0,4 =
	Sa. 57,0 Pfennige.

Montag, den 21. Februar 1881
bei mittelmäßiger Arbeit:

Speisen	nach dem Marktpreise
420 gr Roggenbrot	8,4 Pfennige
65 = Butter	15,6 =
20 = Fett	3,2 =
20 = Käse	0,7 =
620 = Gemüse (Leguminosen)	7,4 =
50 = Pökelschweinfleisch	4,0 =
500 = Kartoffelsuppe	6,0 =
9 Tassen Kaffee	4,5 =
0,125 l Branntwein	7,0 =
36 gr Salz	0,4 =
	Sa. 57,2 Pfennige.

Die Analyse der Harnmengen ergab:

Versuchs-Tage	Gesammt-menge Harn cc	Phosphor-säure gr	Kochsalz gr	Stickstoff gr	Eiweiß gr
Tag 1.	1470	1,383	18,83	9,32	58,2
„ 2.	1030	1,251	4,30	6,79	42,4
„ 3.	1170	1,300	13,51	8,52	53,2
Im Mittel	.	.	.	8,21	51,3

---

[1]) 50 gr à 3 Pf.
[2]) pro Kilo 1,20 Mark.

Versuch III.

Der Arbeiter Rosche, 58 Jahre alt, von kleiner, schwächlicher Gestalt genoß:

Sonnabend, den 19. Februar 1881
bei leichterer Arbeit:

Speisen		nach dem Marktpreise
305 gr Brot		6,1 Pfennige
20 = Butter		4,8 =
25 = Käse		0,9 =
60 = Schweinefett		9,6 =
250 = Kartoffeln		1,5 =
500 = Kartoffelsuppe		6,0 =
9 Tassen Kaffee		4,5 =
36 gr Salz		0,4 =
	Sa.	33,8 Pfennige.

Sonntag, den 20. Februar 1881.

31 gr Brot (Roggen)	0,6 Pfennige
130 = Waizenbrot	7,8 =
20 = Butter	4,8 =
10 = Fett	1,6 =
35 = Schweinefleisch	4,2 =
550 = Milchhirse	5,3 =
9 Tassen Kaffee	4,5 =
36 gr Salz	0,4 =
Sa.	29,2 Pfennige.

Montag, den 21. Februar 1881
bei leichter Arbeit:

Speisen	nach dem Marktpreise
310 gr Roggenbrot	6,2 Pfennige
20 = Butter	4,8 =
15 = Schweinefett	2,4 =
20 = Käse	0,7 =
260 = Gemüse	3,1 =
20 = Pöckelschweinfleisch	1,6 =
250 = Kartoffelsuppe	3,0 =
9 Tassen Kaffee	4,5 =
36 gr Salz	0,4 =
Sa.	26,7 Pfennige.

Die Harnanalyse ergab:

Versuchs-Tage	Gesammt-Harnmenge cc	Phosphor-säure gr	Kochsalz gr	Stickstoff gr	Eiweiß gr
Tag 1.	1070	1,448	10,95	6,29	39,3
„ 2.	930	1,017	4,79	7,34	45,9
„ 3.	1050	1,058	11,05	8,36	52,2
Im Mittel	.	.	.	7,33	45,8

Nimmt man auch bei Versuch II und III 20 pCt. Eiweiß als unverdaulich an, so verzehrte II 64,1 gr, III 57,2 gr Eiweiß. Diese Eiweißmengen sind allerdings so gering, daß sie nach Hofmann zu ausgiebiger Ernährung als nicht ausreichend erscheinen. Dies ist auch offenbar der Fall und hat seinen Grund in der gedrückten psychischen Stimmung der beiden Versuchsobjecte, Werner und Rosche, welche durch den Tod der Frau Werner, des Rosche Tochter, herbeigeführt ist und dieselben verhindert, im Essen einen Genuß zu finden. Hierfür spricht auch der körperliche Zustand beider Objecte, sie sehen sehr elend und niedergeschlagen aus, und leben also offenbar gegenwärtig zum Theil von den Reservestoffen des Körpers solange, bis eine bessere Zeit für sie wiederkehrt. Dies findet sich schließlich bestätigt in der auffallenden Differenz der nach den üblichen Marktpreisen oben berechneten Nahrungsmittelpreise zu den aus dem Jahresdurchschnitt nach den Angaben Rosche's sich ergebenden Ausgaben für Nahrungsmittel. Während letztere durchschnittlich 80 Pfennige für die Nahrung normiren, zeigt sich nach den drei Versuchstagen eine durchschnittliche Ausgabe von nur 27 Pfennigen.

Immerhin geht aus den gemachten Erhebungen mit Sicherheit hervor, daß für die supponirten 55 pCt. des Gesammtlohnes für Rosche sich eine durchaus genügende Nahrungsmenge beschaffen läßt. Denn der junge kräftige Walther, welcher bei angestrengter Arbeit sehr reichlich aß, erreichte den Betrag von 80 Pfennigen doch an keinem der Versuchstage. Und unsere zu Grunde gelegte Annahme, daß mit 55 pCt. vom Gesammtlohne eine jedenfalls ausreichende Ernährung leicht zu erzielen ist, dürfte durch diese Untersuchung an Haltbarkeit gewonnen haben.

MIX
Papier aus verantwortungsvollen Quellen
Paper from responsible sources
FSC® C105338

If you have any concerns about our products,
you can contact us on
ProductSafety@springernature.com

In case Publisher is established outside the EU,
the EU authorized representative is:
**Springer Nature Customer Service Center GmbH
Europaplatz 3, 69115 Heidelberg, Germany**

Printed by Libri Plureos GmbH
in Hamburg, Germany